"十二五"职业教育国家规划教材
经全国职业教育教材审定委员会审定

新形态立体化
精品系列教材

网页设计
与制作
立体化教程

Dreamweaver CC 2018 | **第2版** | **微课版**

张佃龙 / 主编　李洪 任石 亓琳 / 副主编

U0160319

人民邮电出版社
北京

DREAMWEAVER

图书在版编目（CIP）数据

网页设计与制作立体化教程：Dreamweaver CC 2018：
微课版 / 张佃龙主编. -- 2版. -- 北京：人民邮电出
版社，2023.4（2023.12重印）
新形态立体化精品系列教材
ISBN 978-7-115-60107-0

Ⅰ. ①网… Ⅱ. ①张… Ⅲ. ①网页制作工具－高等学
校－教材 Ⅳ. ①TP393.092.2

中国版本图书馆CIP数据核字(2022)第176813号

内 容 提 要

本书采用项目式教学法，将每个项目分解成若干个任务，每个任务主要由任务目标、相关知识和任务实施 3 个部分组成，任务完成后进行强化实训。每个项目最后还总结了常见疑难解析，并安排了拓展知识与课后练习。本书着重于对软件实际操作能力的培养，将职业场景引入课堂教学，让学生提前进入工作场景。

本书首先介绍网页设计基础、Dreamweaver CC 2018 基本操作，然后对编辑网页元素，编辑网页中的超链接，使用表格布局网页，使用 CSS 和 Div，使用 jQuery UI、模板和库，使用表单和行为，以及制作移动端网页等知识进行了讲解，最后还安排了一个综合案例，进一步提高学生对知识的应用能力。

本书适合作为职业院校"网页设计"课程的教材，也可作为各类社会培训学校相关专业的教材，还可供网页设计初学者自学使用。

♦ 主　　编　张佃龙
　　副主编　李　洪　任　石　亓　琳
　　责任编辑　刘　佳
　　责任印制　王　郁　焦志炜
♦ 人民邮电出版社出版发行　　北京市丰台区成寿寺路 11 号
　　邮编　100164　电子邮件　315@ptpress.com.cn
　　网址　https://www.ptpress.com.cn
　　北京市艺辉印刷有限公司印刷
♦ 开本：787×1092　1/16
　　印张：15　　　　　　　　　2023 年 4 月第 2 版
　　字数：371 千字　　　　　　2023 年 12 月北京第 2 次印刷

定价：59.80 元

读者服务热线：(010)81055256　印装质量热线：(010)81055316
反盗版热线：(010)81055315
广告经营许可证：京东市监广登字 20170147 号

前言 PREFACE

近年来，随着职业教育课程的改革发展、计算机软硬件的不断升级，以及教学方式的变化，市场上的一些教材在软件版本、硬件型号、教学结构等方面都已不能满足当前的教学需求。

有鉴于此，我们认真总结了教材编写经验，并深入调研各地、各类职业教育学校的教学需求，组织了一批优秀的、具有丰富的教学经验和实践经验的作者编写了本书，旨在帮助各类职业院校和培训学校快速培养优秀的技能型人才。

本着"工学结合"的原则，我们主要通过教学方法、教学内容和教学资源3个方面体现本书的特色。

教学方法

本书精心设计"情景导入→任务讲解→上机实训→常见疑难解析与拓展知识→课后练习"5段教学法：先将职业场景引入课堂教学，激发读者的学习兴趣；然后在任务的驱动下，贯彻"做中学，做中教"的教学理念；最后有针对性地解答常见问题，并通过练习帮助读者全方位提升专业技能。

- **情景导入**：以情景对话的方式引入项目主题，介绍相关知识点在实际工作中的应用情况及其与前后知识点之间的联系，让读者了解学习这些知识点的必要性和重要性。
- **任务讲解**：以实践为主，强调"应用"；每个任务先指出要完成一个什么样的案例，制作的思路是怎样的，需要用到哪些知识点，然后讲解完成该案例必备的基础知识，最后分步详细讲解任务的实施过程；部分讲解过程中穿插"多学一招""知识提示"两个小栏目。
- **上机实训**：结合任务讲解的内容和实际工作中需要给出的操作要求，提供适当的操作思路及步骤提示以供参考，要求读者独立完成操作，充分训练读者的动手能力。
- **常见疑难解析与拓展知识**：精选读者在实际操作和学习过程中经常遇到的问题进行答疑解惑，让读者可以深入、综合地了解一些提高专业技能的知识。
- **课后练习**：结合相应项目内容，给出难度适中的上机操作题，通过练习，可以达到巩固、强化所学知识的目的。

教学内容

本书的教学目标是帮助学生循序渐进地掌握使用Dreamweaver CC 2018制作网页的方法。全书共10个项目，分为以下6个方面的教学内容。

- **项目一**：介绍网页设计的基础知识，主要通过一个网页案例来认识网站，并介绍网站规划与制作流程。
- **项目二～项目四**：主要讲解Dreamweaver CC 2018的相关操作，包括创建网站站点、网页元素和超链接的插入与编辑等知识。
- **项目五、项目六**：主要讲解使用CSS美化网页，以及使用表格、CSS+Div进行网页布局的相关知识。

- **项目七、项目八**：主要讲解jQuery UI、模板和库、表单和行为的使用方法。
- **项目九**：主要讲解移动端网页的制作方法，包括jQuery Mobile和PHP等知识。
- **项目十**：主要通过综合网站建设案例对本书所学知识进行综合运用，包括制作网站站点、制作网页模板和制作网站各功能页面等。

特点特色

本书旨在帮助学生循序渐进掌握Dreamweaver CC 2018的相关应用，并能在完成案例的过程中融会贯通，本书具有以下特点。

（1）立德树人

本书全面贯彻党的二十大精神，依据专业课程的特点采取了恰当方式自然融入中华优秀传统文化、科学精神和爱国情怀等元素，弘扬精益求精的专业精神、职业精神和工匠精神，培养学生的创新意识，将"为学"和"为人"相结合。

（2）校企双元

本书由学校教师和企业工程师共同开发。由企业提供真实项目案例，由常年深耕教学一线，有丰富教学经验的教师执笔，将项目实践与理论知识相结合，体现了"做中学，做中教"等职业教育理念，保证了教材的职教特色。

（3）项目驱动

本书精选企业真实案例，将实际工作过程真实再现到本书中，在教学过程中培养学生的项目开发能力。以项目驱动的方式展开知识介绍，提升学生学习和认知的热情。

教学资源

本书的教学资源包括以下5个方面的内容。

- **素材文件与效果文件**：包含图书中案例涉及的素材与效果文件。
- **教材对应操作视频**：本书涉及的所有案例、实训，以及讲解的重要知识点和彩图效果都提供了二维码，扫码后即可查看对应的操作演示、知识点的讲解内容和完成后的全彩效果图，同时读者也可下载MP4格式的视频文件观看学习，方便读者灵活运用碎片时间，随时学习。
- **模拟试题库**：包含关于Dreamweaver CC 2018网页设计的丰富的相关试题，教师可自动组合出不同的试卷进行测试。
- **PPT课件和教学教案**：包含PPT课件和Word文档格式的教学教案，以便教师顺利开展教学工作。
- **拓展资源**：包含相关网页设计素材和案例欣赏等。

特别提醒：上述教学资源可在人民邮电出版社人邮教育社区（http://www.ryjiaoyu.com）搜索书名进行下载。

本书由张佃龙任主编，李洪、任石、亓琳任副主编。虽然编者在编写本书的过程中倾注了大量心血，但百密之中可能仍有疏漏，恳请广大读者及专家不吝赐教。

编　者
2023年1月

目录 CONTENTS

项目六 使用CSS和Div 112

项目七 使用jQuery UI、模板和库 145

项目八 使用表单和行为 171

项目九 制作移动端网页 201

项目十 综合案例——订餐网站建设 217

项目一
网页设计基础

情景导入

老洪微笑着对新来公司的米拉说："米拉，欢迎来到网络编辑部，今后的工作将由我带着你一起完成，希望你好好努力，争取早日成为一名合格的网页设计师。"米拉回答道："那今后就请洪哥多多关照。"老洪说："这周你就先熟悉一下网页设计的基础知识吧，为以后的网页设计打下坚实的基础。"

学习目标

- 了解网页设计的相关概念及术语
  如网站、网页、主页的概念和网页常用术语。
- 掌握网页设计常用的标记语言
  如超文本标记语言（HyperText Markup Language，HTML）、HTML5、JavaScript。

- 掌握开发一个完整网站的设计流程
  如网站开发流程、网页设计内容、网页设计原则等。

案例展示

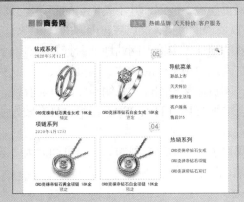

▲ "圈粉"网页效果图

▲ "爱尚汽车"网页效果图

任务一　赏析购物网站首页

随着互联网时代的到来，网络已经完全融入人们的生活中，它通过网页，以浏览、下载、传输等方式，将文本、图像、音频、视频等信息传递给人们，为人们带来极其丰富的体验。

一、任务目标

本任务是赏析购物网站首页，如图1-1所示。通过本任务的学习，读者可以掌握网页设计的基础知识。

图1-1　购物网站首页

二、相关知识

在设计网页前需要先熟悉网站、网页、主页的概念，网页设计常用术语，网页的构成元素，常用网页制作软件，HTML，HTML5，JavaScript等，下面分别进行介绍。

（一）网站、网页、主页的概念

网站、网页、主页是网络的基本组成元素，它们之间是包含与被包含的关系，具体介绍如下。

● **网站**。网站是指在互联网中根据一定规则，使用HTML等脚本语言设计的用于展示特定内容的相关网页集合。网站由多个网页组成，但网站并不是网页的简单罗列和组合，而是用超链接的方式连接起来的，既有鲜明风格，又有完善内容的有机整体。

● **网页**。网页是互联网中的页面，在浏览器的地址栏中输入网站地址后打开的页面就是网页。网页是构成网站的基本元素，是网站应用平台的载体。网页按表现形式可分为静态网页和动态网页两种类型：静态网页通常使用HTML编写，没有交互性，其扩展名为.html或.htm；动态网页通常会增加ASP、PHP、JSP等技术，具有较好的交互性，其扩展名分别为.asp、.php、.jsp。

● **主页**。主页也被称为首页或起始页，是用户进入网站后看到的第一个页面。大多数主页的文件名为"index/default/main+扩展名"。

（二）网页设计常用术语

网页设计有常用的专业术语，如Internet、万维网（World Wide Web，WWW）、浏览器、统一资源定位符（Uniform Resource Locator，URL）、互联网协议地址（Internet Protocol Address，IP地址）、域名、文件传输协议（File Transfer Protocol，FTP）、发布、客户机和服务器等，作为一名网页设计师，必须熟练掌握这些常用术语。

1. Internet

Internet又名互联网、因特网，是全球最大、连接能力最强，由遍布全世界的众多网络相互连接而成的计算机网络，它是由美国的阿帕网（ARPAnet）发展起来的。互联网主要采用TCP/IP，它使网络上的每台计算机都可以相互交换各种信息。

2. WWW

WWW是World Wide Web（万维网）的缩写，其功能是让Web客户端（如浏览器）访问Web服务器中的网页。

3. 浏览器

浏览器是将互联网中的文本文档和其他文件翻译成网页的软件，通过浏览器可以快速获取互联网中的内容。常用的浏览器有Internet Explorer（以下缩写为IE）、Firefox、Chrome等。

4. URL

URL是一个用于定位和访问互联网资源的标准字符串，如"http://www.baidu.com"。其中，"http://"表示通信协议为超文本传输协议，"www.baidu.com"表示网站名称。

5. IP地址

IP地址（Internet Protocol Address，互联网协议地址）是给连接到互联网的设备分配的网络层地址。互联网中的每台计算机都有唯一的IP地址，它表示该计算机在互联网中的位置。IP地址实际是由4段共32位的二进制数组成的，每段有8位，各部分用小数点分开。IP地址通常分为5类，常用的有A、B、C 3类，具体介绍如下。

● **A类**。前8位表示网络号，后24位表示主机号，有效范围为1.0.0.1～126.255.255.254。

● **B类**。前16位表示网络号，后16位表示主机号，有效范围为128.0.0.1～191.255.255.254。

● **C类**。前24位表示网络号，后8位表示主机号，有效范围为192.0.0.1～222.255.255.254。

6. 域名

域名是指网站的名称，任何网站的域名都是唯一的。域名也可以看作网站的网址，如"www.baidu.com"就是百度网的域名。域名由固定的网络域名管理组织进行全球统一管理。域名需向各地的网络管理机构申请才能获取。例如，新浪网的域名为www.sina.com.cn，其中"www"为机构名，"sina"为主机名，"com"为类别名，"cn"为地区名。

7. FTP

通过文件传输协议（File Transfer Protocol，FTP）可以把文件从一个地方传输到另外一个地方，从而真正地实现资源共享。

8. 发布

发布是指将制作好的网页上传到网络的过程，也称为上传网页。

9. 客户机和服务器

用户浏览网页时，实际是由个人计算机向互联网中的计算机发出请求，互联网中的计算机接收到请求后响应请求，将需要的内容通过互联网发回个人计算机上。这种发出请求的个

網页设计与制作立体化教程（Dreamweaver CC 2018）（第2版）
（微课版）

人计算机被称为客户机或客户端，而互联网中的计算机被称为服务器或服务端。

（三）网页的构成元素

文本和图像是构成网页的两个基本元素。除此之外，构成网页的元素还包括Logo、表单、导航、动画、超链接、音频、视频等，如图1-2所示。

图1-2 网页中的元素

下面介绍网页构成元素的作用。

- **文本**。文本是网页最基本的组成元素之一，是网页主要的信息载体，它可以将详细的信息传达给用户。文本在网络上的传输速度较快，用户可方便地浏览和下载文本信息。
- **图像**。图像是网页不可或缺的元素，它可以传递一些文本不能传递的信息，其表现形式比文本更直观和生动。
- **Logo**。在网页设计中，好的Logo不仅可以为企业或网站树立好的形象，还可以传达丰富的行业信息。
- **表单**。表单是功能型网页中的一种元素，常用于搜集用户信息，帮助用户进行功能性控制。表单的交互设计与视觉设计是网页设计中相当重要的环节，在网页中设计表单，不但能美化网页，而且便于搜索网页中的内容。
- **导航**。导航是网站设计必不可少的基础元素之一，它是网站结构的分类，用户可以通过导航识别网站的内容及信息。
- **动画**。网页中常用的动画主要有两种格式，一种是GIF动画，另一种是SWF动画。GIF动画是逐帧动画，相对简单；SWF动画不但具有较强的表现力和视觉冲击力，还可以结合声音和互动功能，带给用户强烈的视听感受。
- **超链接**。超链接是指从一个网页指向一个目标的连接关系，它可以实现网站中各元素的连接。超链接可以是文本链接、图像链接、锚链接等，网页中的超链接连接在一起，才能构成真正的网站。单击超链接既可以实现在当前页面中跳转，也可以实现在页面外跳转。
- **音频**。音频文件可以使网页效果更加多样化，网页中常用的音频有MID、MP3等

4

格式。MID 是通过计算机软硬件合成的音频格式，不能录制；MP3 是一种音频压缩格式，压缩率高、音质好，是背景音乐的首选。

● **视频**。网页中的视频文件一般为 FLV 格式，FLV 是一种基于 Flash MX 的视频流格式，具有文件小、加载速度快等特点，是网页视频格式的首选。

（四）常用网页制作软件

网页中包含的文本、图像、动画、音频、视频等元素，需要使用专门的软件进行制作，下面介绍常用的网页制作软件。

1. **图像处理软件——Photoshop**

Photoshop 缩写为 PS，是由 Adobe 公司开发和发行的图像处理软件。Photoshop 集平面设计、网页制作、广告创意、图像输入与输出于一体，深受广大平面设计人员和网页美工设计师的喜爱。图1-3所示为 Photoshop CC 2018 的操作界面。

图1-3　Photoshop CC 2018的操作界面

2. **动画制作软件——Animate**

Animate 是 Adobe 公司推出的专业二维动画制作软件，其前身为大名鼎鼎的 Flash。由于新的网页动画制作技术——HTML5的兴起，Adobe 公司对 Flash 进行了很多改进，并将其更名为 Animate。它除了可以制作原有的以 ActionScript 3.0 为脚本的 SWF 格式动画外，还可以制作以 JavaScript 为脚本的 HTML5 Canvas 和 WebGL 格式动画，这两种格式的动画不需要安装任何插件就能在各种浏览器中运行。图1-4所示为 Animate CC 2018 的操作界面。

3. **网页编辑软件——Dreamweaver**

Dreamweaver 是 Adobe 公司开发的集网页制作和网站管理于一体的网页代码编辑器，是为专业网页设计师开发的视觉化网页开发工具，用它可以轻松地制作出跨越平台限制和浏览器限制的网页。Dreamweaver 最大的特点是能够快速创建各种静态、动态网页。除此之外，它还是出色的网站管理、维护软件。图1-5所示为Dreamweaver CC 2018的操作界面。

图1-4　Animate CC 2018 的操作界面　　　　图1-5　Dreamweaver CC 2018的操作界面

（五）HTML

HTML是网页设计的基础。

1. HTML的概念

HTML是一种标记语言，它通过标签来标记要显示在网页中的内容。网页文档本身是一种文本文件，在文本文件中添加标签，可以告诉浏览器如何显示其中的内容，如文本如何处理、画面如何安排、图片如何显示等。

HTML的语法非常简单，但功能却很强大，它支持嵌入不同数据格式的文件，包括图像、音频、视频、动画、表单和超链接等，这也是HTML能在互联网中流行的原因之一。HTML的主要特点如下。

- **简易性**。HTML的内核采用超集方式，使用户编写代码更加灵活、方便。
- **可扩展性**。HTML提供了很广泛的扩展性支持来为HTML文档增添语义化的支持。例如，使用类来拓展元素的含义和行为，使用<meta>标签来定义元数据，使用<script>标签来嵌入原始数据，使用<embed>标签来创建和使用插件。
- **平台无关性**。浏览器的种类众多，为了使同一个HTML文档在不同标准的浏览器中都能显示相同的效果，HTML使用了统一的标准，从而保证了同一个HTML文档能在各个浏览器平台上效果一致。

2. HTML编辑软件

HTML编辑软件大体可以分为3种。

- **基本文本、文档编辑软件**。使用Windows操作系统自带的记事本或写字板都可以编写HTML，需要以.htm或.html作为扩展名保存HTML文档，方便浏览器直接运行。
- **"半所见即所得"软件**。这种软件能大大提高开发效率，使制作者在短时间内制作出主页；这种类型的软件主要有国产软件网页作坊和HotDog等。
- **"所见即所得"软件**。这类软件是使用较广泛的编辑软件，用户即使完全不懂HTML的知识也可以制作出网页，这类软件主要有Dreamweaver；与"半所见即所得"软件相比，使用这类软件开发网页的速度更快、效率更高、表现力更强，对任何地方所做的修改只需要刷新即可显示。

3. HTML文档构成

HTML文档非常简单，下面在IE浏览器中打开一个index.html文档，如图1-6所示。在网页空白处单击鼠标右键，在弹出的快捷菜单中选择【查看源】命令，查看网页的源代码，如图1-7所示。

图1-6　在浏览中打开HTML文档

图1-7　查看HTML源代码

一个网页对应一个 HTML 文档，任何能够生成 TXT 格式源文件的文本编辑软件都可以生成HTML文档，需要使用HTML文档时只需将TXT格式文件的扩展名修改为.htm 或.html。HTML 文档用标签来描述，标签是由尖括号包围的关键词，如 <html>，且一般成对出现，如 <html> 和 </html>，第一个标签是开始标签，第二个标签是结束标签。但部分特殊标签不是成对出现的，如
。

标准的 HTML 文档一般都具有基本的结构，如图 1-8 所示。除了 HTML 文档的开始标签 <html> 与结束标签 </html> 外，还包括头部（head）和主体（body）。

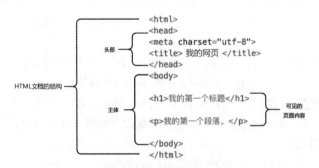

图1-8　HTML 文档的结构

（1）头部。<head>和</head>标签分别表示头部信息的开始和结束。头部一般包含网页的标题、序言、说明等内容，它本身不作为网页的内容显示，但影响网页显示的效果。头部中常用的标签是<title>标签和<meta>标签，其中<title>标签用于定义网页标题的内容。

（2）主体。<body>标签用于定义网页的主体内容，网页中显示的实际内容均包含在该标签中，如文本、超链接、图像等。在HTML文档中，网页内容均可用标签来描述，如<h1>、<p>等。表1-1所示为常见的标签及其示例。

表 1-1　常见的标签及其示例

名称	标签	示例
超链接	<a>	<a href="url"> 显示的文本或图像 </a>
表格	表格 <table>，行为 <tr>，单元格 <td>	<table><tr><td> 单元格显示的内容 </td></tr></table>
列表	列表 <list>，项目列表 <ul>，编号列表 <ol>，列表项 <li>	<list><ul><li> 项目 </li></ul></list>
表单	<form>	<form><input type="submit" value=" 提交 "></form>
图像	<img>	<img src = "/images/ smile.jpg" alt=" 个人照片 ">
字体	<font>	<font color="#0000FF"> 这是我的个人主页 </font>

标签可以拥有属性，通过属性可以扩展标签的功能。例如，<font color="#0000FF">
中color属性将字体颜色设置为蓝色。属性通常以属性名和属性值成对的形式出现，如
color="#0000FF"，color是属性名，#0000FF是属性值，属性值一般用英文状态的双引号引起来。

（六）HTML5

HTML5 是 HTML 最新的修订版本，HTML5 结合了 HTML4.01 的相关标准并对其进行了
革新，使其更符合现代网络发展的要求。2012 年 12 月 17 日，万维网联盟宣布 HTML5 规范正
式定稿，并称 "HTML5 是开放的 Web 网络平台的奠基石"。下面介绍 HTML5 的新标签及新特点。

1. HTML5的新标签

为了更好地应对各种互联网应用，HTML5 中增加了一些新标签。

● **导航索引标签**。HTML5 新增了头部标签 <header>、脚注标签、导航标签（nav）等
有助于页面结构规划的标签，从而便于网页设计人员设计网页，也便于更好地为用
户提供导航索引服务。

● **视频和音频标签**。视频和音频标签用于添加视频和音频文件，包括 <video
controls></video>和<audio controls></audio>标签等。

● **文档结构标签**。文档结构标签用于在网页文档中进行布局分块，整个布局框架都使
用 <div> 标签进行制作，包括 <header>、<footer>、<dialog>、<aside> 和 <figure>
标签等。

● **文本和格式标签**。HTML5 中的文本和格式标签与其他版本 HTML 中的基本相同，
只是删除了 <u>、<font>、<center> 和 <strike> 标签。

● **表单元素标签**。HTML5 与其他版本 HTML 相比，在表单元素标签中添加了更多的
输入对象，即在 <input type=""> 中添加了如电子邮件、日期、URL 和颜色等输入对象。

2. HTML5的新特点

HTML5 与其他版本的 HTML 相比具有以下新特点。

● **全新且合理的标签**。全新且合理的标签主要用于处理多媒体对象的绑定情况，原来
的多媒体对象都绑定在 <object> 和 <embed> 标签中，在 HTML5 中，则有单独的
视频和音频标签，分别为 <video controls></video> 和 <audio controls></audio> 标签。

● **Canvas 对象**。Canvas 对象主要为浏览器带来了直接绘制矢量图的功能，可以不使
用 Flash 和 Silverlight 插件，直接在浏览器中显示图像和动画。

● **本地数据库**。HTML5 通过内嵌一个本地 SQL 数据库，增加了交互式搜索、缓存和索
引功能。

● **浏览器中的真正程序**。HTML5在浏览器中提供了API，可实现在浏览器内编辑、拖
放对象和各种图形用户界面功能。

（七）JavaScript

JavaScript 是一种脚本编程语言，它支持网页应用程序的客户机和服务器的开发。在客户机中，JavaScript 可以用于编写浏览器在网页页面中执行的程序。在服务器中，JavaScript 可以用于编写网页服务器程序，网页服务器程序用于处理浏览器页面提交的各种信息并相应地更新浏览器的显示。JavaScript 是一种由对象和事件驱动且具有安全性能的脚本语言。下面简单介绍 JavaScript 的特点、引用及位置。

1. JavaScript的特点

在网页中使用 JavaScript，可以与 HTML 一起实现在一个网页页面中链接多个对象，实现交互功能，并且 JavaScript 是通过嵌入或调用标准的 HTML 来实现的，弥补了 HTML 的缺陷。

JavaScript 是一种比较简单的编程语言，在使用时直接在 HTML 文档中添加脚本，无须单独编译解释，在预览网页时，直接读取脚本执行指令。JavaScript 使用简单、方便、运行速度快，适用于开发简单应用。Dreamweaver 中的行为效果就是使用 JavaScript 脚本实现的。

2. JavaScript的引用及位置

在 Dreamweaver CC 2018 中，JavaScript 的脚本可通过 <script> 标签引用，如图1-9所示。如果需要重复使用某段 JavaScript 脚本，则可将这段脚本保存为一个单独的文件，其扩展名为 .js。要引用该脚本文件时，只需使用 src 属性即可，如图1-10所示。

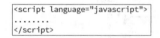

图1-9　JavaScript脚本的引用　　　　　图1-10　JavaScript脚本文件的引用

三、任务实施

随着网上购物的普及，购物类网站的网页设计也发生了变化，网页的页面更加丰富多样，功能也更加强大。下面打开"中粮我买网"网站，查看其网页构成元素和布局。

（1）在浏览器中打开"中粮我买网"网站首页，如图1-11所示。

（2）查看和分析该网站首页。

- **从页面布局上看。** 该页面采用4行5列的布局方式，即从页面开始位置到导航位置为一行，页面最下方的注明等内容为一行，中间两行则被划分为5列，用于放置网页的主要内容。

- **从表现形式上看。** 在网页Banner（横幅广告）处采用大幅图像来展现商品相关内容，以吸引浏览者，另外通过动画效果增强了视觉效果和交互功能。

- **从颜色搭配上看。** 页面颜色非常统一，且图像都进行了主色调处理，背景颜色、文本颜色、商品图像颜色搭配协调。

图1-11　"中粮我买网"网站首页

任务二　规划"圈粉"网站

在制作网页前需要先对网站进行整体规划，包括网站风格、主题内容、表现形式等。网站规划有独特的流程，合理规划网站可以使网站页面美观，布局合理，维护方便。

一、任务目标

本任务将练习规划网站的操作流程，通过本任务的学习，读者可了解网页设计的相关内容和原则，能够独立完成网站的前期规划工作。

二、相关知识

在网站规划前期，了解网页设计的内容和相关原则是非常有必要的，下面进行具体介绍。

（一）网站开发流程

图1-12所示为网站开发流程图，从中可看出网站开发流程主要分为需求分析阶段、实现阶段、发布阶段3个阶段，下面分别进行介绍。

1. 需求分析阶段

在这一阶段，需求分析人员首先设计出站点的结构，然后规划站点所需功能、内容结构页面等，经客户确认后才能进行下一步的操作。在这一过程中，需要与客户紧密合作，认真分析客户提出的需求以降低后期变更的可能性。

2. 实现阶段

功能、内容结构页面确认后，可以将功能、内容结构页面交付美工人员进行设计，随后让客户对设计的页面进行确认；客户确认后，可以开始制作静态站点。制作好静态站点后，向客户确认，在此静态站点上修改网页设计和功能直到客户满意为止。随后进行数据库设计和程序开发。

3. 发布阶段

整个网站制作完成后，需要先对网站进行测试，如测试网页的美观度、实用性，以及是否有程序错误等。测试通过后即可试运行网站，在试运行阶段，编程人员还需要根据搜集到的日志进行排错、测试，直至最后交付客户使用。

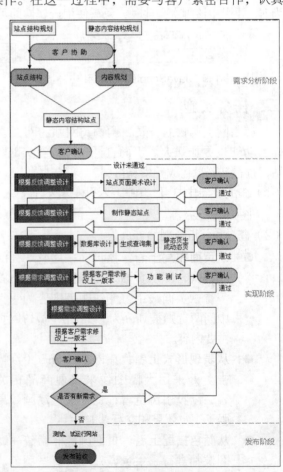

图1-12　网站开发流程图

（二）网页内容设计

网页内容设计包括以下4个方面。

- **确定网站背景和网站定位。** 确定网站背景是指在网站规划前，先对网站环境进行调查分析，包括开展社会环境调查、消费者调查、竞争对手调查、资源调查等。网站定位是指在确定网站背景的基础上进行进一步规划，一般是根据调查结果确定网站的服务对象和内容。需要注意的是，网站的内容一定要有针对性。

- **确定网站目标。** 确定网站目标是指为网站建设提供总的框架大纲、确定网站需要实现的功能等。

- **规划网站内容与形象。** 网站的内容与形象是网站吸引浏览者的重要因素，与内容相比，多变的形象设计，如网站的风格设计、版式设计、布局设计等，具有更加丰富的表现效果，这一过程需要设计师、编辑人员、策划人员全力合作，这样才能达到网站内容与形象的高度统一。

- **推广网站。** 企业开发网站的目的是销售产品或提供服务，要达到这些目的，就需要对网站进行推广。推广网站就是把网站通过各种推广渠道展示给用户，让用户了解网站的功能并使用网站。

（三）网页设计原则

网页设计与其他设计相似，需要遵循以下3个原则。

- **内容与形式的统一。** 好的内容应当具有编辑的合理性与形式的统一性，形式是为内容服务的，而内容需要通过美观的形式才能吸引浏览者的关注。形式与内容的关系就如同包装与产品的关系，美观的包装能促进产品的销售。总之，设计网页时一定要遵循美观、科学的色彩搭配和构图原则。

- **风格定位。** 网站风格对网页设计具有决定性的作用，网站风格包括内容风格和设计风格。内容风格主要体现在文本的展现方法和表达方法上，设计风格则体现在构图和排版上。例如，网站风格通常依赖于版式设计、页面色调处理、图文排版等。

> **多学一招**
>
> **如何保持设计风格的统一**
>
> 　　保持网页设计风格统一的方法是：保持网页某部分内容固定不变，如Logo、徽标、商标和导航栏等，或者设计相同风格的图表等。通常，上下结构的网页保持导航栏和顶部的Logo等内容固定不变。需要注意的是，不能陷入一个固定不变的模式，要在统一的前提下有所变化，追求设计风格的衔接和设计元素的多元化。

- **CIS的使用。** 企业识别系统（Corporate Identity System，CIS）是企业、公司、团体在形象上的整体设计，包括企业理念识别（Mind Identity，MI）、企业行为识别（Behavior Identity，BI）、企业视觉识别（Visual Identity，VI）3部分。VI是CIS中的视觉传达系统，对企业形象在各种环境下的应用进行了合理规定。在网站中，标志、色彩、风格、理念的统一延续性是VI应用的重点。随着网络的发展，网站成为企业宣传自身形象和传递各种信息的一个重要窗口，因此，VI在提高网站质量、树立企业形象等方面起到举足轻重的作用。CIS的使用范围还包括网站的标准化，包括标准化Logo和标准化色彩两部分。

知识提示	网站的标准化

　　①标准化 Logo。实现网站形象统一常用的方法是统一各个页面的 Logo。Logo 是网站的标记，是网站形象的代表，标准化的 Logo 是统一网站形象的第一步，Logo 的色彩和样式确定后，一般不轻易更改。Logo 一般放在网页中醒目的位置，如左上角，也叫"网眼"。

　　②标准化色彩。统一网站色彩使用规范和色调对网站的整体设计有重要意义。通常网站色彩的使用有两种情况：一种是规定一个范围的色系，整个网站都套用，通过调整颜色的明度来体现网页的层次感；另一种是网站中同级网页的颜色相同，而不同栏目的子网页采用不同的色系。

三、任务实施

（一）前期策划与内容组织

　　在制作网站前，需要先对网站进行准确定位，明确网站的主题与类型，然后开始规划网站的栏目、网站草图、站点结构。下面以"圈粉"网站为例，介绍网站的前期策划与内容组织。

1. 确定网站完整栏目

　　经过调查分析，"圈粉"网站需要建设以下栏目：首页、新品上架、粉丝圈、客户服务。

2. 设计网站草图

　　草图是指初步画出轮廓而不十分精确的设计图，它注重的是创作者的设计意图与作品的大体布局。设计网站草图需要设计人员先整理网站内容，然后使用纸、笔或草图设计工具来绘制草图。网站草图确定好后，后期将根据草图来设计网站的效果图。"圈粉"网站草图如图1-13所示。

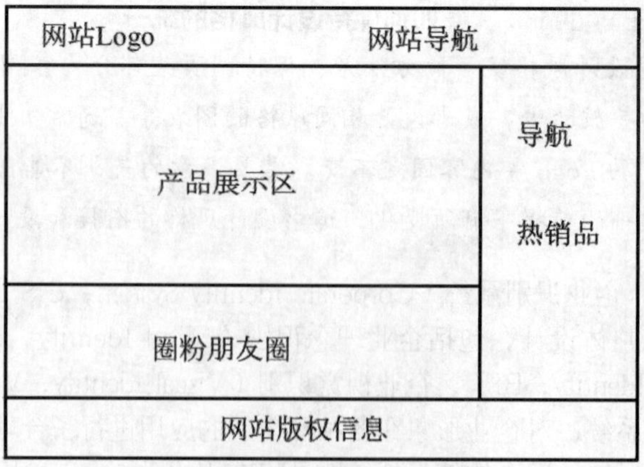

网站Logo	网站导航	
产品展示区		导航
		热销品
圈粉朋友圈		
网站版权信息		

图1-13　"圈粉"网站草图

3. 规划站点结构

　　站点结构决定了浏览者如何在网站中浏览，因此，站点结构一定要清晰，易于导航。"圈粉"网站站点具体规划参见项目二的任务一，这里不再赘述。图1-14所示为网站文件层次结构图。

（二）搜集和整理资料

在制作网页前，应先搜集要用的文本资料、图片素材，以及用于增添页面特效的动画等资料，并将其分类保存在相应的文件夹中。在制作"圈粉"网站时，需要的资料有网页简介、企业文化及产品图像等。图1-15所示为资料搜集与分类图。

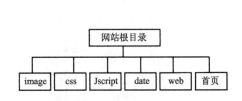

图1-14　网站文件层次结构图　　　　　　　图1-15　资料搜集与分类图

（三）设计网页效果图

在正式制作网页之前，需要根据规划好的网站风格和勾画出的网站草图设计网页效果图。网页效果图设计与传统的平面设计相同，可以使用Photoshop CC 2018进行设计，利用其图像处理的优势制作多元化的网页效果图，最后对图像进行切片并将其导出为网页。图1-16所示为使用Photoshop CC 2018设计的网站首页效果图。

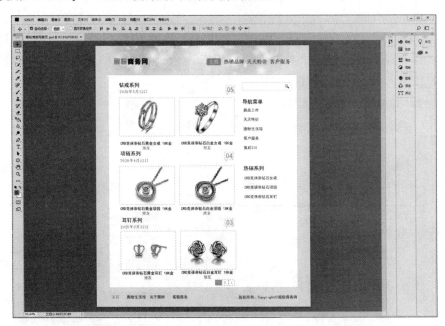

图1-16　使用Photoshop CC 2018设计的网站首页效果图

（四）制作网页

完成网页效果图设计后，可以根据网页需要制作网页动画，并制作网站页面，最后优化和加工网页。

1. 制作网页动画

在网页中插入Flash动画可以增强网页的视觉效果，这里使用Animate CC 2018为"圈粉"网站制作Banner动画，如图1-17所示。关于Animate CC 2018的使用方法，读者可以参考其他相关书籍进行学习，本书不做详细介绍。

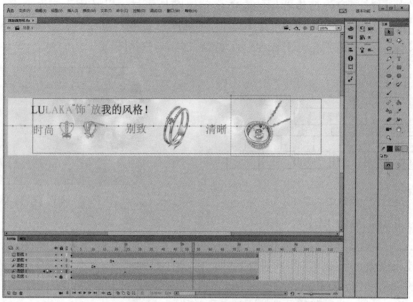

图1-17　使用Animate CC 2018制作的Banner动画

2. 制作网站页面

网站页面通常使用Dreamweaver来制作，其代码视图中的代码提示等辅助功能可以帮助有编程基础的设计者提高工作效率。图1-18所示为使用Dreamweaver CC 2018制作的网站页面，具体制作方法将在本书后面的章节中介绍。

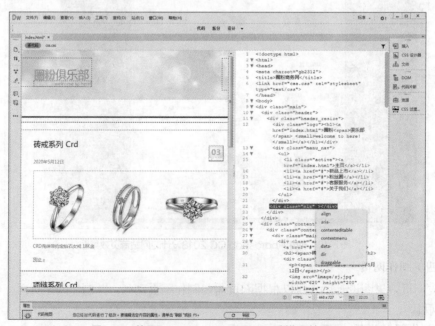

图1-18　使用Dreamweaver CC 2018制作网站页面

3. 优化网页

为了增加网页被浏览者搜索到的概率，还需要对网页进行优化。网页优化包括搜索关键词的优化、网站导航的优化、网页内容的优化等，通过网页优化可以完整展示网站的信息并充分发挥网站的功能。优化网页应注意以下4个方面。

● 尽量使用纯文本链接，并定义全局统一链接位置。
● 网页标题需要包含优化的关键词，并且各子网页的标题不能雷同，必须能表示当前网页的内容。
● 网页关键词要与网站内容相关，尽量选取较热门的相关词。
● 网站结构要清晰，明确每个页面的具体功能和位置。

（五）网站后期管理

完成网站页面的制作和优化后，还需要对网站进行后期管理，包括测试站点、发布站点、更新和维护站点，下面分别进行介绍。

1. 测试站点

在发布站点前，需先测试站点，可根据客户端需求和网站大小等进行测试。通常是将站点移到一个模拟调试服务器上进行测试。测试站点应注意以下4点。

● 在创建网站的过程中，各站点重新设计、重新调整可能会使指向页面的超链接被移动或删除。因此要检查超链接，测试超链接是否有断开的情况。
● 监测页面文件的大小及下载速度。
● 检查浏览器兼容性，使页面原来不支持的样式、层和插件等在浏览器中能兼容且功能正常。使用"检查浏览器"功能，自动将访问者重新定向到另外的页面，可解决在较早版本的浏览器中页面无法运行的问题。
● 在不同的浏览器和平台上预览页面，查看网页布局、字体大小、颜色和默认浏览器窗口大小等。

2. 发布站点

在发布站点前需要在互联网上申请一个主页空间，用来指定网站或主页在互联网上的位置。发布站点时，可使用SharePoint Designer或Dreamweaver发布站点，也可使用FTP将站点上传到服务器申请的网址目录下。

3. 更新和维护站点

将站点上传到服务器后，需要每隔一段时间对站点中的某些页面进行更新，为了保持网站内容的"新鲜"以吸引更多的浏览者。还应定期打开浏览器检查网页元素和各种超链接是否正常，避免出现链接无法打开的情况。在检查站点时，还需要检测后台程序是否被篡改或加入代码，以便及时修正。

实训　规划"爱尚汽车"网站

【实训要求】

为"爱尚汽车"车友会规划网站，该网站用于介绍目前汽车爱好者喜欢的汽车，另外，网站会定期发布新车信息，并提供在线预订服务，还会介绍选车和保养爱车的相关技巧。要求网站效果图能体现出上述功能，网站设计要符合当前的主流特色。

【实训思路】

根据本实训要求，先搜集汽车相关的图像和文本等资料，然后设计网页效果图并将其发给客户确认。本实训的网站首页效果图可以使用Photoshop CC 2018进行设计，其参考效果如

图1-19所示。

图1-19　"爱尚汽车"网站首页设计效果图

【步骤提示】

（1）根据客户提出的要求创建并修改站点基本结构。

（2）搜集相关的文本、图像等资料，设计制作网页效果图并将其发送给客户确认。

常见疑难解析

问　如何才能规划出好的商业站点？

答　商业站点规划的内容大致包括明确建站目的、确认实现方式、预估制作工作量、注明服务种类4个方面。其中明确建站目的很重要，它决定了整个站点建设的主导思想和页面设计的内容及版面风格。其次是确认实现方式，该环节比较灵活，例如相同的内容既可以用动态也可以用静态来表现，这需要根据客户的要求决定。在做规划时，应该主动向客户说明规划的大致内容，如域名注册、主机空间及给予的权限、网站规划、网上推广、制作的网页数量、提供的应用程序等。明确客户意图后，再参考国内外一些优秀的网站设计，从中汲取精华和灵感，并结合当前项目的需要进行规划，这样不仅可以提高效率，而且可以保证站点的专业性和准确性。

问　什么时候为客户预算网站制作费用比较合适？

答　通常在确定网站草图后，设计网页效果图期间就可以为客户预算网站制作费用、购买域名与虚拟主机费用，以及后期维护和技术支持费用等。

问　如何创建网站？

答　要创建网站，首先应使用Dreamweaver或其他软件在本地计算机中完成整个网站的制作与测试，然后购买域名（用于访问网站）及虚拟主机（用于存放网站内容）服务，并上传网站内容到虚拟主机中，最后申请备案，通过备案后就可以使用域名访问网站。网站创建流程如图1-20所示。

图1-20　网站创建流程

拓展知识

一个优秀的网站除了具有合理的页面布局外，简洁的颜色搭配、适当加入3D动画和视频也是非常重要的。这些工作可以借助一些软件来高效地完成，具体介绍如下。

1. 配色软件

网页色彩搭配是网页制作的重点和难点，好的网页色彩看起来很舒适，便于吸引浏览者经常访问。使用一些专门的网页配色软件可以方便地制定网页色彩方案。

用于网页配色的软件较多，常用的有玩转颜色（见图1-21）和网页配色等，另外，有些网站也提供网页配色功能，如蓝色理想、模板无忧（见图1-22）等。

图1-21　玩转颜色软件

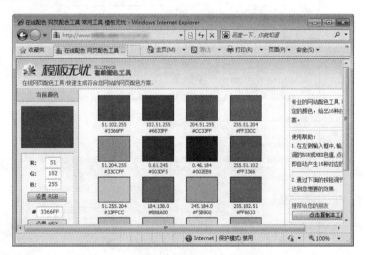

图1-22　模板无忧在线配色工具

2. 网站推广软件

为了增加网站的访问量，需要进行网站宣传及推广。网站推广的方式很多，包括电子邮件推广、搜索引擎加注、论坛推广、加入友情链接联盟等。当然借助电子商务师、登录奇兵、网站世界排名提升专家和Active WebTraffic等软件进行网站推广也是较常用的方式。

3. 网页元素制作软件

制作网页元素的软件非常多，如用于制作网页特效的网页特效王，制作3D文本动画的Cool 3D，制作网页按钮的Crystal Button，转换网页音频、视频格式的格式工厂，以及查看含有Java applet网页的Java虚拟机等。图1-23所示为Crystal Button的操作界面。

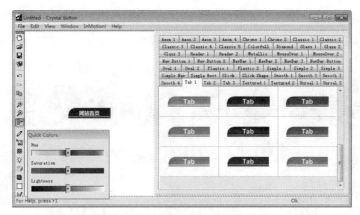

图1-23　Crystal Button的操作界面

课后练习

（1）简述网站设计的一般流程，并具体介绍各个阶段需要注意的事项。

（2）通过网络查阅资料或浏览一些优秀的商务网站，然后根据客户需求规划一个商务网站。图1-24所示为某商务网站的设计效果图，供读者参考。

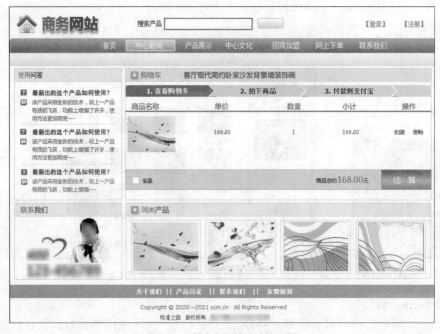

图1-24　某商务网站设计效果图

项目二

Dreamweaver CC 2018 基本操作

02

情景导入

　　老洪把米拉叫到办公室说："前面的网站草图设计、网站制作前期准备等你都已经了解了，下面就来制作静态网页，你要认真学习。"米拉高兴地说："太好了，接下来我就可以开始制作完整的网页了！"老洪说："别着急，知识要慢慢积累才行，下面先来学习创建站点和在网页中添加元素、编辑文本的方法。"

学习目标

- **掌握站点的创建、管理等方法**
  如创建站点、管理站点等。
- **掌握网页中元素的插入方法**
  如文本、列表、特殊符号、日期等的插入。

- **掌握网页中文本的编辑方法**
  如文本格式、段落样式等的编辑。

案例展示

"圈粉"商务网简介™

　　"圈粉"商务网创立于2020年3月，经过近几个月的筹划和努力，"圈粉"商务网目前拥有合作企业会员30多家，个人会员190000名余名，建立了饰品行业较大、较全的产品数据库。

网站简介

　　"圈粉"商务网先后被授予珠宝玉石行业协会流行饰品单位、某某宝石商会会员单位、某某珍珠行业协会会员单位等称号，在2020年还荣获了"服装服饰类网站最具价值奖"与"行业电子商务网站100强"两大奖项。

网站实力

　　2020年6月期间，"圈粉"商务网分别在多地建立办事处，将业务扩展至全国，"圈粉"商务网还成功举办了第一届饰品高峰论坛和第二届饰品高峰论坛暨饰品诚信经营大会，在行业内引起强烈反响。

网站定位

　　目前，"圈粉"商务网主要包括商品展示、新品上架、粉丝圈、客户服务等频道，旨在为广义饰品行业范畴内的流行饰品、珠宝首饰、水晶珍珠、人工宝石、礼品工艺等企业和相关人提供全方位的电子商务服务及行业媒体资讯服务。2020年公司暂停其他发展项目，专注于"饰品宝贝购物大赛"，通过将近一个月的精心准备，比赛成功举办、公司的影响力和信任度远原奉升，为更好更广地服务饰品行业打下了坚实的基础。

发展前景

　　展望未来，"圈粉"商务网立足本行业，凭借不断提升的服务质量和强劲有效的品牌宣传战略，着力打造具有影响力的饰品行业门户网站，借力国际英文版的合理运营及全球互动营销网络的构建，全面开拓国际市场，以期实现全球效应。定义中国饰品产业市场商销新概念，实行行业网站真正服务于企业、服务于地区、服务于社会的终极目标。

▲ "圈粉"网站简介

车友会年会活动

活动内容：

　　互动游戏·颁奖·午餐·抽奖·园内游玩。

费用支持：

　　AA制。

活动时间：

　　2020年6月25日。

活动安排：

1. 签到
2. 车辆摆造型拍照
3. 互动游戏（参与赢得头名者有礼品）颁奖
4. 吃午饭
5. 抽奖

　　午饭穿插抽奖，抽奖资格只限家属（感谢家属支持车友对爱尚汽车的支持），没有家属到场的没有抽奖资格。

　　本次年会年主免费，家属收取50元的活动费用，签到时多退少补，开车到场签到的车主领取50元京东卡或50元加油卡（车辆补贴）。车友会经济有限，感谢支持，望大家见谅！

　　特别说明，年会活动不支持拼车！很人到车到！

　　为答谢赞助商对车友会的支持，年会将提供一个细粉与众车友亲密接触，提高赞助商品牌形象和声誉的交流平台，并在车友圈中设立专题版块进行宣传。

2020年6月20日

▲ "爱尚汽车"年会活动

任务一　创建"圈粉"网站站点

　　任何网站在制作时都需要先创建站点，以便整理、查看网站文件和文件夹。本任务将创建"圈粉"网站站点，使读者了解创建站点的方法。

一、任务目标

　　练习使用Dreamweaver CC 2018创建"圈粉"网站站点，在制作时可以先创建基本站点，然后创建站点中的文件夹，并合理管理这些文件夹。本任务制作完成后的效果如图2-1所示。

素材所在位置　素材文件\项目二\任务一\image\
效果所在位置　效果文件\项目二\任务一\圈粉网站.ste

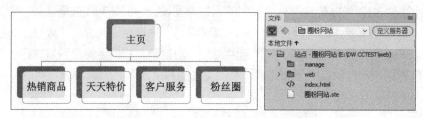

图2-1　"圈粉"网站站点结构图和效果

二、相关知识

　　在Dreamweaver CC 2018操作界面中可以查看文档和对象属性，还可以将许多常用工具放置在工具栏中，以便快速创建或更改网站内容。

（一）认识Dreamweaver CC 2018的操作界面

　　选择【开始】/【所有程序】/【Adobe Dreamweaver CC 2018】菜单命令即可启动Dreamweaver CC 2018，进入操作界面，如图2-2所示。下面介绍Dreamweaver CC 2018操作界面的组成部分。

图2-2　Dreamweaver CC 2018的操作界面

1. 菜单栏

菜单栏以菜单命令的方式集合了Dreamweaver CC 2018的所有命令，单击某个菜单，在打开的下拉菜单中选择相应的命令即可执行对应的操作。

2. 工作区切换器

根据不同的用户需求，工作区切换器集成了"开发人员"和"标准"两种工作区模式，用户也可以新建并保存自定义工作区模式。

3. 文档工具栏

文档工具栏位于菜单栏下方，主要用于切换视图模式、查看源代码标签等。Dreamweaver CC 2018提供了4种视图模式，下面分别进行介绍。

● 代码视图。在文档工具栏中单击 代码 按钮即可切换到代码视图，此时在文档窗口中将显示页面的代码，如图2-3所示，代码视图适合直接编写代码。

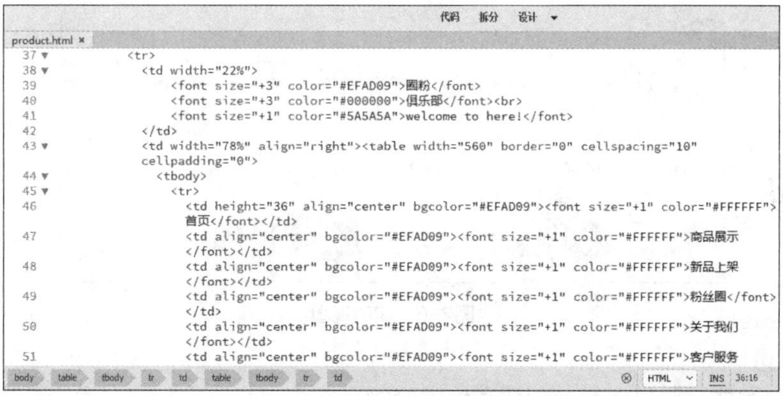

图2-3　代码视图

● 拆分视图。在文档工具栏中单击 拆分 按钮即可切换到拆分视图，该视图可在文档窗口中同时显示代码视图和设计视图，如图2-4所示。

图2-4　拆分视图

● 设计视图。在文档工具栏中单击 设计 按钮即可切换到设计视图，此时在文档窗口中仅显示页面的设计界面，如图2-5所示。

● 实时视图。在文档工具栏中单击 ▼ 按钮，在打开的下拉列表中选择"实时视图"选项，如图2-6所示，即可切换到实时视图，在该视图中显示页面的预览效果。

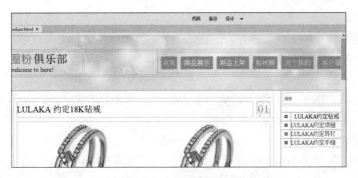

图2-5 设计视图

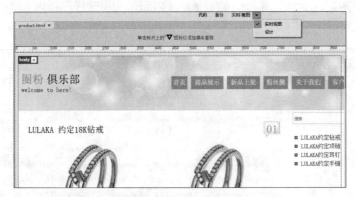

图2-6 实时视图

4. 文档窗口

文档窗口主要用于显示当前创建和编辑的网页文档内容。文档窗口由标题栏、编辑区和状态栏组成，如图2-7所示。下面分别进行介绍。

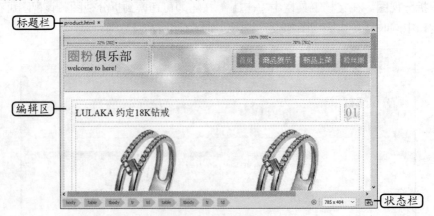

图2-7 文档窗口

● **标题栏**。主要用于显示当前网页的名称。
● **编辑区**。主要用于编辑网页。
● **状态栏**。主要用于显示网页区域中的标签名称，以及页面设置的分辨率，如智能手机的分辨率为 375 像素 ×667 像素，平板计算机的分辨率为 1024 像素 ×768 像素，台式计算机的分辨率为 1280 像素 ×800 像素；另外，单击状态栏右侧的 按钮，在打开的下拉列表中可选择浏览器预览网页。

5. 工具栏

工具栏垂直显示在文档窗口的左侧,它在所有视图(代码、拆分、设计、实时)中均可见。工具栏上的按钮是固定于视图的,并且仅在相应的视图中显示。

用户也可以自定义工具栏,方法为:在工具栏中单击"自定义工具栏"按钮 **···** ,在打开的"自定义工具栏"对话框中选中需要的工具的复选框,单击 **完成** 按钮,如图2-8所示。

图2-8 自定义工具栏

6. "属性"面板

"属性"面板用于显示文档窗口中所选元素的属性,并允许用户在该面板中对元素属性进行修改。在文档窗口中选择的元素不同,"属性"面板中的各参数也会不同,如选择文档,那么属性面板中将会出现关于设置文档的"HTML"面板和"CSS"面板,如图2-9所示。

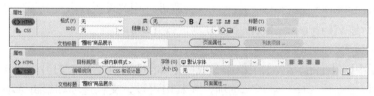

图2-9 文档"属性"面板

7. 面板组

面板组是停靠在操作界面右侧的浮动面板集合,其中包含编辑网页文档的常用工具。在Dreamweaver CC 2018的面板组中主要包括"插入""CSS设计器""文件""资源""DOM""行为"等面板。下面简单介绍其中的3种面板。

● **"插入"面板。**"插入"面板是 Dreamweaver CC 2018 面板组非常重要的组成部分,主要用于在网页中插入各类网页元素,包括"HTML""表单""模板""Bootstrap组件""jQuery Mobile""jQuery UI""收藏夹"等,只需在"类别"下拉列表中选择所需选项即可进行切换,如图 2-10 所示。例如,选择"收藏夹"选项,然后单击鼠标右键,在弹出的"自定义收藏夹对象"对话框中可以将常用的插入对象添加到收藏夹中,如图 2-11 所示。

图2-10 "插入"面板

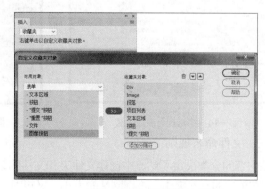

图2-11 自定义收藏夹对象

- "CSS 设计器" 面板。用于创建和编辑 CSS 样式，依次单击面板中各列表标题处的 **+** 、 **—** 按钮，可进行源、媒体、选择器等的新建和删除操作，如图 2-12 所示。
- "文件" 面板。用于查看站点、文件或文件夹，用户可以打开或隐藏 "文件" 面板，当折叠时，以文件列表的形式显示本地站点等内容，如图 2-13 所示。

图2-12　"CSS设计器"面板

图2-13　"文件"面板

（二）Dreamweaver CC 2018参数设置

在使用Dreamweaver CC 2018前，可对其参数进行相关设置，以提高工作效率。通常设置 "常规" 和 "新建文档" 两个参数，下面分别进行介绍。

1. "常规" 参数

选择【编辑】/【首选参数】菜单命令或按【Ctrl+U】组合键，打开 "首选项" 对话框，"分类" 列表框中默认选择 "常规" 选项，在其中可设置文档选项和编辑选项，如图2-14所示。如取消选中 "显示开始屏幕" 复选框，再次启动Dreamweaver CC 2018时，将不会显示欢迎界面。

2. "新建文档" 参数

在 "首选项" 对话框的 "分类" 列表框中选择 "新建文档" 选项，其右侧将显示相应的设置选项，如默认文档的类型和编码等，如图2-15所示。

图2-14　"常规"参数设置

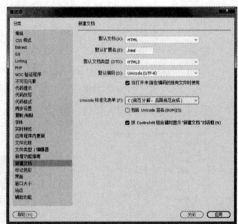

图2-15　"新建文档"参数设置

（三）文件命名规则

网站内容的分类决定了站点中创建文件夹和文件的数量。通常，网站中每个分支的所有文件统一存放在单独的文件夹中，根据网站的大小，又可对文件夹进行细分。如果把图书室看作一个站点，每个书柜相当于文件夹，书柜中的书本相当于文件。文件命名最好遵循以下规则，以便管理和查找内容。

- **汉语拼音**。根据每个网页的标题或主要内容提取关键词，将其拼音作为文件名，如"学校简介"页面文件可以命名为"xuexiaojianjie.html"。
- **拼音缩写**。根据每个页面的标题或主要内容，提取每个关键词拼音的首字母作为文件名，如"学校简介"页面文件可以命名为"xxjj.html"。
- **英文缩写**。通常适用于专用名词，如图像文件可以命名为"img".jpg。
- **英文原意**。直接将中文名称翻译成英文，如模板文件可以命名为"template.dwt"。

以上4种命名方式也可结合数字和符号使用。但要注意，文件名开头不能使用数字和符号，也不要使用中文命名。

（四）CSS编辑功能

与以前的版本相比，Dreamweaver CC 2018的CSS编辑功能更加完善，下面讲解CSS编辑功能的相关知识。

1. "CSS Designer"面板

"CSS Designer"面板属于CSS属性检查器，能让用户"可视"地创建CSS样式、设置CSS属性和定义媒体查询。当更改CSS属性时，网页效果会在实时视图中同步更新，相关CSS文件也会更新。

2. "CSS过渡效果"面板

使用新增的"CSS过渡效果"面板可将平滑属性应用于基于CSS的网页元素，以响应触发器事件，如悬停、单击。选择【窗口】/【CSS过渡效果】菜单命令可以打开"CSS过渡效果"面板。

3. "DOM"面板

"DOM"面板以包含静态和动态内容的交互式HTML树呈现，从而有助于用户直观地在实时视图中通过HTML标签和"CSS Designer"面板中应用的选择器，对网页元素进行映射。在"DOM"面板中双击标签、类和ID就可以对它们进行编辑，还可以添加其他类或ID，并用空格进行分隔。

（五）创建和管理站点

在Dreamweaver中，站点是指某个网站文档的本地或远程存储位置，利用站点，可以组织和管理Web文档，将站点上传到Web服务器，以便跟踪和维护链接，以及管理和共享文档。

用户可以创建多个站点，对创建的站点还可以进行管理操作，如导出与导入站点，编辑、复制、删除站点，以及规划站点结构等。在"管理站点"对话框（见图2-16）中可以对已创建的站点进行编辑等操作。

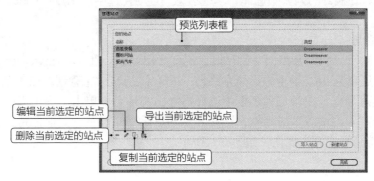

图2-16 "管理站点"对话框

"管理站点"对话框中相关选项的含义如下。

- **预览列表框**。该列表框中显示了用户创建的所有站点的名称和类型，也可以在该列表框中选择不同的站点进行编辑、删除、复制和导出等操作。
- **"编辑当前选定的站点"按钮** 🖉。单击该按钮，可在打开的对话框中对所选站点的名称和存储路径等进行修改。
- **"删除当前选定的站点"按钮** ─。选择"管理站点"对话框中不再使用的站点，单击该按钮可将其删除。
- **"复制当前选定的站点"按钮** 🗐。单击该按钮，可复制当前所选站点，得到所选站点的副本。
- **"导出当前选定的站点"按钮** 🖻。单击该按钮，在打开的对话框中选择存放站点的位置，单击 **保存(S)** 按钮，即可导出所选站点。
- **导入站点 按钮**。单击该按钮，可在打开的对话框中选择需要导入的站点，导入的站点会显示在预览列表框中。
- **新建站点 按钮**。单击该按钮，可创建新的站点，然后在"站点设置"对话框中指定新站点的名称和位置。

1. 创建本地站点

在 Dreamweaver CC 2018 中新建网页前，最好先创建本地站点，然后在本地站点中创建网页，这样便于在其他计算机中预览网页。在 Dreamweaver CC 2018 中创建本地站点主要有以下 3 种方法。

- **使用菜单命令**。选择【站点】/【新建站点】菜单命令，在打开的对话框中设置站点的名称、保存位置等。
- **使用"管理站点"对话框**。选择【站点】/【管理站点】菜单命令，打开"管理站点"对话框，单击 新建站点 按钮，在打开的对话框中进行设置。
- **使用"文件"面板**。在"文件"面板中单击"管理站点"超链接或该超链接前的下拉按钮 ▽，在打开的下拉列表中选择"管理站点"选项，打开"管理站点"对话框，单击 新建站点 按钮，在打开的对话框中进行设置。

2. 编辑站点

编辑站点是指对存在的站点重新设置参数，如为创建的站点输入URL。输入URL方法为：选择【站点】/【管理站点】菜单命令，打开"管理站点"对话框，在预览列表框中选择需要修改的站点，单击"编辑当前选定的站点"按钮 🖉，在打开的对话框左侧选择"高级设置"选项，在展开的列表中选择"本地信息"选项，选中"站点根目录"单选按钮，在"Web URL"文本框中输入URL，单击 保存 按钮。

3. 导出站点

同时在多台计算机中开发同一网站时，需要导出站点。在 Dreamweaver CC 2018中，导出站点的扩展名为.ste。导出站点的方法为：选择【站点】/【管理站点】菜单命令，打开"管理站点"对话框，在预览列表框中选择需导出的站点，单击"导出当前选定的站点"按钮 🖻，打开"导出站点"对话框，选择导出站点保存的位置，其他保持默认设置，单击 保存(S) 按钮完成导出站点操作，如图2-17所示。

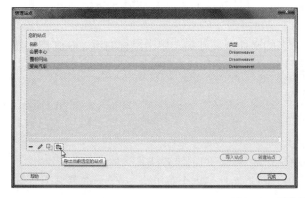 

图2-17 导出站点

4. 导入站点

".ste"格式的站点可以由Dreamweaver CC 2018直接导入，以实现站点的备份和共享。导入站点的方法为：打开"管理站点"对话框，单击 导入站点 按钮，打开"导入站点"对话框，找到需要导入站点的位置并将其选中，单击 打开(O) 按钮，返回"管理站点"对话框，查看导入的站点，单击 完成 按钮，返回Dreamweaver CC 2018操作界面，自动打开"文件"面板显示导入的站点。

5. 复制与删除站点

在"管理站点"对话框中，用户可以方便地对站点进行复制与删除操作。

● **复制站点**。打开"管理站点"对话框，在预览列表框中选择需要复制的站点，单击"复制当前选定的站点"按钮 可复制站点。

● **删除站点**。打开"管理站点"对话框，在预览列表框中选择要删除的站点，单击"删除当前选定的站点"按钮 ，在打开的提示对话框中单击 是 按钮即可删除站点。

6. 管理站点中的文件和文件夹

为了更好地管理网页和素材，在新建站点后，用户需要将制作网页所需的所有文件都存放在站点根目录中。用户可以在站点中进行站点文件或文件夹的添加、移动、复制、删除、重命名等操作。

● **添加文件或文件夹**。网站内容的分类决定了站点中创建文件和文件夹的数量，通常，网站中每个分支的所有文件统一存放在单独的文件夹中，根据网站的大小，又可进行细分。如果把图书室看作一个站点，书柜相当于文件夹，书柜中的书本相当于文件。要在站点中添加文件或文件夹，可在需要添加文件或文件夹上单击鼠标右键，在弹出的快捷菜单中选择【新建文件】或【新建文件夹】命令。

● **移动和复制文件或文件夹**。新建文件或文件夹后，若对文件或文件夹的位置不满意，可将其移动。为了加快新建文件或文件夹的速度，可通过复制的方法快速新建文件或文件夹。在"文件"面板中选择需要移动或复制的文件或文件夹，将其拖曳到需要的新位置即可完成移动文件或文件夹的操作；若在移动的同时按住【Ctrl】键，则可复制文件或文件夹。

● **删除文件或文件夹**。若不再使用站点中的某个文件或文件夹，则可将其删除。选择需删除的文件或文件夹，单击鼠标右键，在弹出的快捷菜单中选择【编辑】/【删除】命令，或直接按【Delete】键，在打开的对话框中单击 **是** 按钮即可删除文件或文件夹。

● **重命名文件或文件夹。** 选择需重命名的文件或文件夹，单击鼠标右键，在弹出的快捷菜单中选择【编辑】/【重命名】命令，使文件或文件夹的名称呈可编辑状态，输入新名称即可为其重命名。

三、任务实施

（一）创建站点

下面以新建"圈粉"网站的本地站点为例，介绍站点的创建方法，具体操作如下。

（1）启动Dreamweaver CC 2018，选择【站点】/【新建站点】菜单命令，打开"站点设置对象 圈粉网"对话框，在"站点名称"文本框中输入"圈粉网站"，单击"本地站点文件夹"文本框右侧的"浏览文件夹"按钮，如图2-18所示。

（2）打开"选择根文件夹"对话框，在"选择"下拉列表中选择创建好的"web"文件夹，单击 **选择文件夹** 按钮选择站点保存的路径，如图2-19所示，返回"站点设置对象 圈粉网"对话框，单击 **保存** 按钮完成站点的创建。

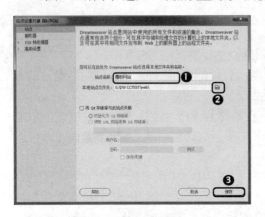

图2-18 设置站点名称　　图2-19 设置站点保存位置

（3）在"文件"面板中可查看新建的站点，如图2-20所示。

（二）编辑站点

编辑站点是指重新设置站点的参数。下面编辑"圈粉"网站站点，并输入URL地址，具体操作如下。

（1）选择【站点】/【管理站点】菜单命令，打开"管理站点"对话框，在"名称"列表中选择"圈粉商务网站"选项，单击"编辑当前选定的站点"按钮，如图2-21所示。

图2-20 新创建的站点

（2）在打开的"站点设置对象 圈粉网"对话框左侧选择"高级设置"选项，在展开的列表中选择"本地信息"选项，在"Web URL"文本框中输入"http://localhost/"，选中"链接相对于"栏中的"文档"单选按钮，如图2-22所示，单击两次 **保存** 按钮返回"管理站点"对话框。

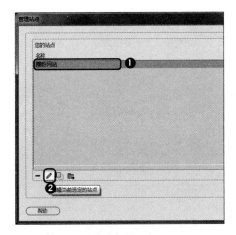

图2-21　编辑"圈粉网"站点

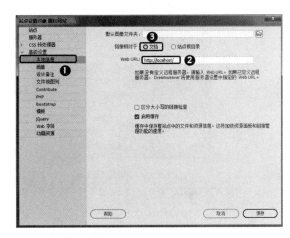

图2-22　设置Web URL

（3）单击 完成 按钮关闭"管理站点"对话框。

（三）管理站点文件夹

为了更好地管理网页和素材，下面在"圈粉"网站站点中编辑文件和文件夹，具体操作如下。

（1）在"文件"面板的"站点-圈粉网站"中选择文件夹并单击鼠标右键，在弹出的快捷菜单中选择【编辑】/【删除】命令，如图2-23所示，在打开的对话框中单击 是 按钮删除选中的文件夹。

（2）在"站点-圈粉网站"选项上单击鼠标右键，在弹出的快捷菜单中选择【新建文件】命令新建一个HTML文档，双击新建的文档，使文档呈可编辑状态，修改文件名为"index.html"，然后按【Enter】键确认，如图2-24所示。

图2-23　删除文件

图2-24　新建文件

（3）在"站点-圈粉网站"选项上单击鼠标右键，在弹出的快捷菜单中选择【新建文件夹】命令，如图2-25所示，将新建的文件夹名称更改为"web"，完成后按【Enter】键。

（4）使用相同的方法在创建的"web"文件夹中创建两个文件和一个文件夹，其中两个文件的名称分别为"product.html"和"introduction.html"，文件夹的名称为"image"，文件夹用于存放图片，如图2-26所示。

（5）在"web"文件夹上单击鼠标右键，在弹出的快捷菜单中选择【编辑】/【拷贝】命令，如图2-27所示。

（6）在"站点-圈粉网站"文件夹上单击鼠标右键，在弹出的快捷菜单中选择【编辑】/【粘贴】命令，如图2-28所示。

微课视频

管理站点文件夹

图2-25　新建文件夹

图2-26　新建文件

图2-27　拷贝文件夹

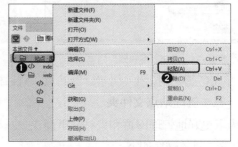

图2-28　粘贴文件夹

（7）在粘贴得到的新文件夹上单击鼠标右键，在弹出的快捷菜单中选择【编辑】/【重命名】命令，输入新的名称"manage"，按【Enter】键打开"更新文件"对话框。单击 更新(U) 按钮，如图2-29所示，更新复制的文件夹，如图2-30所示。

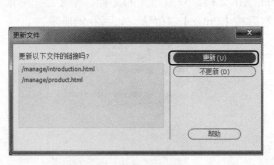

图2-29　更新文件链接

图2-30　更新复制的文件夹

（8）选择【站点】/【管理站点】菜单命令，在打开的"管理站点"对话框中选择"圈粉网站"选项，单击"导出当前选定的站点"按钮，如图2-31所示。

（9）在打开的"导出站点"对话框中选择站点保存的位置，单击 保存(S) 按钮导出站点，如图2-32所示。

知识提示	导出和导入站点

　　如果想在其他计算机上使用某个站点，可以将该站点信息导出为 .ste 格式的 XML 文件，然后在另一台计算机中将其导入 Dreamweaver 中。需要注意的是，导出和导入功能不能导出和导入站点文件，只能导出和导入站点的设置信息，文件和文件夹只能手动复制到站点目录下。

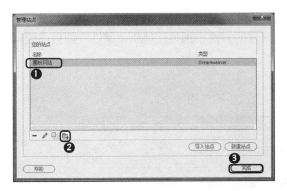

图2-31　导出站点

图2-32　设置导出站点位置

任务二　制作"圈粉"商务网简介页面

简介类的页面在网页中十分常见，通常由纯文本组成，有时也会添加相关的图片。本任务通过制作"圈粉"商务网简介页面，讲解设置页面属性和插入文本的方法。

一、任务目标

在制作"圈粉"商务网简介页面时需要先新建网页，然后设置页面属性，再在其中输入并编辑文本，最后添加其他的网页元素。通过本任务的学习，可以掌握网页文档的新建和保存、页面属性的设置，以及在网页中添加网页元素的方法。本任务制作完成后的最终效果如图2-33所示。

高清彩图

"圈粉"网站简介页面

素材所在位置　素材文件\项目二\任务二\show.txt
效果所在位置　效果文件\项目二\任务二\show.html

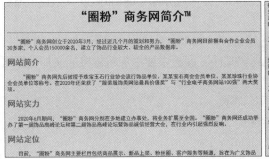

图2-33　"圈粉"网站简介页面

二、相关知识

使用Dreamweaver CC 2018制作网站简介页面时，需要先设置页面属性和插入文本，然后更改文本的字体、大小、颜色和对齐方式等。

（一）设置页面属性

在Dreamweaver CC 2018中创建的每个页面，都可以使用"页面属性"对话框设置页面属性，如页面的默认字体、字体大小、背景颜色、边距、链接样式及页面的其他属性。

1. 设置页面属性的方法

Dreamweaver CC 2018提供了两种修改页面属性的方法：通过HTML"属性"面板或编辑CSS规则设置页面属性。

（1）通过HTML"属性"面板设置页面属性。

HTML"属性"面板如图2-34所示，其中部分属性的作用如下。

图2-34　HTML"属性"面板

- **"格式"下拉列表框**。设置所选文本的段落和标题样式；段落应用 <p> 标签，标题应用 <h> 标签。
- **"ID"下拉列表框**。为所选内容分配一个 ID，"ID"下拉列表中将列出网页文档所有未使用的已声明 ID。
- **"类"下拉列表框**。显示当前应用于所选文本的"类"样式；如果没有对所选文本应用过任何样式，则该下拉列表中显示"无 CSS 样式"；如果已对所选文本应用了多个样式，则该下拉列表框是空的。
- **"粗体"按钮 B**。根据"首选参数"对话框的"常规"类别中设置的样式首选参数，将 <b> 标签或 <strong> 标签应用于所选文本。
- **"斜体"按钮 I**。根据"首选参数"对话框的"常规"类别中设置的样式首选参数，将 <i> 标签或 <em> 标签应用于所选文本。
- **"项目列表"按钮 ☰**。创建所选文本的项目列表；如果未选择文本，则启动一个新的项目列表。
- **"编号列表"按钮 ☷**。创建所选文本的编号列表；如果未选择文本，则启动一个新的编号列表。
- **"块引用"按钮 ☲ 和 "删除块引用"按钮 ☵**。应用或删除< blockquote >标签，缩进所选文本或删除所选文本的缩进。
- **"链接"下拉列表框**。创建所选文本的超链接，单击文件夹图标浏览站点中的文件，输入 URL，将"指向文件"按钮拖曳到"文件"面板中要添加超链接的文件上即可创建超链接。
- **"标题"文本框**。为超链接指定文本工具提示。
- **"目标"下拉列表框**。指定将链接文档加载到某个框架或窗口，包括"_blank""_parent""_self""_top"选项。

（2）通过编辑CSS规则设置页面属性。

编辑CSS规则可以使用两种方式：一种是将鼠标指针定位到已应用CSS规则的文本块内部，在CSS"属性"面板的"目标规则"下拉列表框中将显示已应用的规则；另一种是直接从"目标规则"下拉列表中选择需编辑的规则。单击CSS"属性"面板中的 编辑规则 按钮，可在打开的对话框中对该规则进行编辑。CSS"属性"面板如图2-35所示，各选项的作用如下。

- **"目标规则"下拉列表框**。用于显示现有规则，或对规则进行新建、应用或删除操作；在文本应用现有样式的情况下，在页面的文本内部单击，会显示影响文本格式的规则；也可以在"目标规则"下拉列表框中选择"新建规则"选项，创建新的 CSS 规则，或选择"应用类"选项，将现有类应用于所选文本。

图2-35　CSS"属性"面板

- （编辑规则）**按钮**。单击该按钮，将打开目标规则的"CSS规则定义"对话框；如果在"目标规则"下拉列表框中选择了"新建CSS规则"选项并单击（编辑规则）按钮，则会打开"新建CSS规则定义"对话框。

- （CSS和设计器）**按钮**。单击该按钮，打开"CSS 设计器"面板并在当前视图中显示目标规则的属性。

- **"字体"下拉列表框**。用于设置目标规则的字体。

- **"大小"下拉列表框**。用于设置目标规则的字体大小。

- **"颜色"色块**。将所选颜色设置为目标规则中的字体颜色，单击色块可选择颜色，或在相邻的文本框中输入十六进制值（如 #FF0000）。

- **"对齐"按钮组** ≣ ≡ ≡ ≣。设置目标规则的文字对齐方式。

2. 设置"外观（CSS）"属性

HTML"属性"面板和CSS"属性"面板都有一个（页面属性...）按钮，单击该按钮，打开"页面属性"对话框，选择"外观（CSS）"选项，可以为网页文档中的<body>标签添加属性以设置页面属性，主要包括背景颜色、文本颜色、边距等，如图2-36所示。各选项的含义如下。

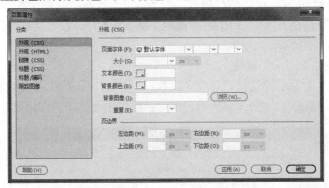

图2-36　"外观（CSS）"属性

- **"页面字体"下拉列表框**。可在该下拉列表框中选择网页文本的类别、样式和粗细。

- **"大小"下拉列表框**。可在该下拉列表框中选择网页文本的字号，其默认单位为px（像素）。

- **"文本颜色"色块**。设置文本的默认颜色，可以单击色块选择颜色，也可以直接在后面的文本框中输入十六进制的颜色代码。

- **"背景颜色"色块**。设置页面的背景颜色，设置方法与文本颜色相同。

- **"背景图像"文本框**。单击"背景图像"文本框后的（浏览(B)...）按钮，在打开的"选择图像源文件"对话框中可选择需要设置为页面背景的图像。

- **"重复"下拉列表框**。在该下拉列表框中可选择背景图像的重复方式，"no-repeat"选项表示不重复，"repeat"选项表示重复，"repeat-x"选项表示在 x 轴上重复，"repeat-y"选项表示在 y 轴上重复。

● "左边距""右边距""上边距""下边距"文本框。设置页面内容与浏览器页面左、右、上、下边界的距离。

3. 设置"外观（HTML）"属性

在"页面属性"对话框中选择"外观（HTML）"选项，可对网页文档的背景图像、文本、边距等进行设置，如图2-37所示。"外观（HTML）"属性与"外观（CSS）"属性有类似的部分，这些属性设置方法也相同，其特有选项的作用如下。

图2-37 "外观（HTML）"属性

● "链接"色块。设置文本超链接的默认颜色，设置方法与"背景颜色"相同。
● "已访问链接"色块。设置已访问超链接的颜色，设置方法与"背景颜色"相同。
● "活动链接"色块。设置活动超链接的颜色，设置方法与"背景颜色"相同。
● "左边距""边距宽度""上边距""边距高度"文本框。设置文本与浏览器页面左、右、上、下边界的距离。

4. 设置"标题（CSS）"属性

在"页面属性"对话框中选择"标题（CSS）"选项，可设置1~6级标题文本的字体、粗斜体、样式、字号及颜色，如图2-38所示。该对话框中主要选项的作用如下。

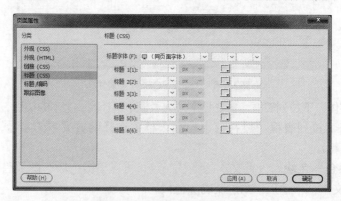

图2-38 "标题（CSS）"属性

● "标题字体"下拉列表框。用于设置页面标题文本的字体、样式和粗细。
● "标题1"～"标题6"下拉列表框。在各项标题的第一个下拉列表中可选择字号；在第二个下拉列表框中可选择字号的单位，默认为px；单击■按钮可设置文本颜色。

5. 设置"标题/编码"属性

在"页面属性"对话框中选择"标题/编码"选项，可设置页面的标题和编码，如图2-39

所示。该对话框中各选项的作用如下。

图2-39 "标题/编码"属性

● **"标题"文本框**。用于设置页面的标题。
● **"文档类型"下拉列表框**。用于设置文档的类型，默认选项为"HTML5"。
● **"编码"下拉列表框**。用于设置文档的编码语言，默认选项为"Unicode（UTF-8）"，修改编码后可单击 重新载入(R) 按钮，转换现有文档或使用选择的新编码重新打开网页。
● **"Unicode 标准化表单"下拉列表框**。设置编码类型为"Unicode（UTF-8）"时，该选项为可用状态，其中的下拉列表提供了4个选项，使用默认的选项即可。
● **"包括 Unicode 签名（BOM）"复选框**。选中该复选框，将在网页文档中包含一个字节顺序标记——BOM，该标记位于网页文档开头的第2~4字节，通过该标记可将网页文档识别为 Unicode 格式。

（二）插入网页元素

文本是网页的重要元素，是常见、运用广泛的元素。在网页中可以直接输入文本，也可从其他文档中复制文本，以及插入特殊字符和水平线等。

1. 插入文本

在Dreamweaver CC 2018中可以通过以下方式在网页中插入文本。
● **直接输入文本**。在设计视图中将鼠标指针定位到插入点，直接输入文本，如图2-40所示。

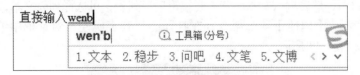

图2-40 直接输入文本

● **使用"插入"面板输入文本**。将鼠标指针定位到插入点，在"插入"面板中单击 HI ▼标题:H1按钮或 P 段落按钮，然后输入文本。
● **从其他文档中复制文本**。从Word或TXT等文档中复制文本，将鼠标指针定位到网页中需插入文本的位置，选择【编辑】/【选择性粘贴】菜单命令，在打开的"选择性粘贴"对话框中选中"仅文本"单选按钮，单击 确定 按钮，如图2-41所示。

图2-41　复制文本

2. 插入列表

列表是一种由数据项构成的有限序列，用于对具有相似特性或某种顺序的文本进行有规则的排列，通常应用在条款或列举等类型的文本中，用列表的方式排列文本可使文本看起来更直观。在文档窗口中，可以用现有文本或新文本创建编号列表、项目列表及定义列表。

● **编号列表**。编号列表前面通常有数字前导字符，这些字符可以是英文字母、阿拉伯数字、罗马数字等。插入编号列表的方法为：可以在"插入"面板中单击"编号列表"按钮 ol 编号列表 ，或在HTML"属性"面板中单击"编号列表"按钮 ≣ 插入编号，直接输入文本，然后按【Enter】键输入下一行文本。若需要编辑编号列表，可选择列表文本，选择【编辑】/【列表】/【属性】菜单命令，在打开的"列表属性"对话框中设置列表样式，单击 确定 按钮，如图2-42所示。

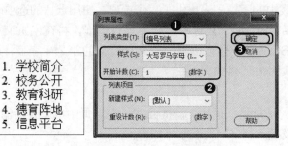

图2-42　编辑编号列表

● **项目列表**。项目列表一般用项目符号作为前导字符，Dreamweaver CC 2018 默认的项目列表有圆形和方形两种。插入项目列表的方法为：在"插入"面板中单击"项目列表"按钮 ul 项目列表 ，或在HTML"属性"面板中单击"项目列表"按钮 ≔ ，插入项目符号，然后输入文本。若需要编辑项目列表，可选择列表文本，选项【编辑】/【列表】/【属性】菜单命令，在打开的"列表属性"对话框中编辑项目列表样式，如图2-43所示。

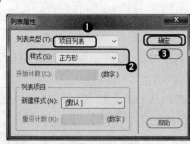

图2-43　编辑项目列表

● **定义列表**。定义列表一般用在词汇表或说明书中，它没有项目符号或编号的前导字符。添加定义列表的方法为：选择【格式】/【列表】/【定义列表】菜单命令，输入文本后按【Enter】键，系统会自动换行，并在新行中缩进，输入对上一行文本的解释文本或其他类型文本后按【Enter】键，可继续输入其他项目文本，如图2-44所示。

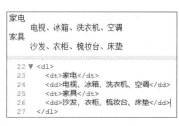

图2-44　定义列表

3. 插入特殊字符

有时在网页中需要插入一些特殊符号，如英镑符号£、注册商标符号®、版权符号©等。在"插入"面板中单击"字符"按钮，在打开的下拉列表中选择特殊字符，如图2-45所示，如果要插入其他字符，则选择"其他字符"选项，在打开的"插入其他字符"对话框中选择需要的字符，单击　确定　按钮，如图2-46所示。

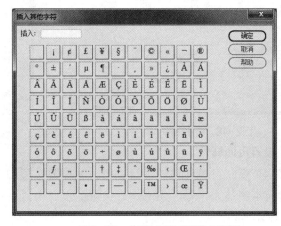

图2-45　插入特殊字符　　　　　图2-46　"插入其他字符"对话框

4. 插入空格、日期、水平线

有时在网页中需要插入空格、日期和水平线，具体操作如下。

● **插入空格**。在Dreamweaver CC 2018中插入空格的方法与Word等文本编辑软件不同。在Word中直接按【Space】键即可添加空格，而Dreamweaver CC 2018中的文档都是以HTML形式存在的，插入空格的方法为：在"插入"面板中单击"不换行空格"按钮。

● **插入日期**。在Dreamweaver CC 2018中可直接插入日期对象，并能在每次保存网页时都自动更新该日期。插入日期的方法为：将鼠标指针定位到插入点，在"插入"面板中单击"日期"按钮，在打开的"插入日期"对话框中设置格式，如图2-47所示，单击　确定　按钮即可插入日期。

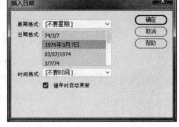

图2-47　插入日期并设置其格式

● **插入水平线**。在网页中，水平线是非常有用的网页元素，在组织信息时，可以使用一条或多条水平线分隔文本和对象，使段落区分更加明显，让网页更有层次感。插入水平线的方法为：将鼠标指针定位到插入点，在"插入"面板中单击"水平线"按钮。

三、任务实施

（一）新建并保存网页

微课视频
新建并保存网页

站点创建好后，可以新建网页进行编辑制作，下面新建“圈粉”商务网的“简介”网页并进行保存，具体操作如下。

（1）选择【文件】/【新建】菜单命令，在打开的“新建文档”对话框中选择“HTML”选项，在“标题”文本框中输入网页标题“网站简介”，单击 创建(R) 按钮新建文档，如图2-48所示。

（2）选择【文件】/【保存】菜单命令，在打开的“另存为”对话框中选择文档保存位置，在“文件名”文本框中输入文件名，单击 保存 按钮保存文档，如图2-49所示。

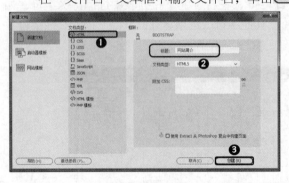

图2-48　新建文档

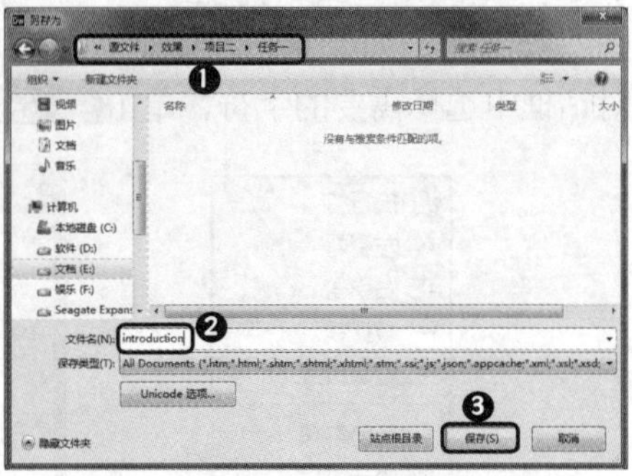

图2-49　保存文档

（二）设置页面属性

微课视频
设置页面属性

创建好网页后，可对其属性进行设置，如设置标题和编码、网页背景颜色和文本字体大小等，使网页更美观。下面设置网页的相关属性，具体操作如下。

（1）在文档“属性”面板中单击 页面属性... 按钮，在打开的“页面属性”对话框的“分类”列表框中选择“外观（CSS）”选项，在右侧的“页面字体”下拉列表中选择“管理字体”选项，如图2-50所示。

（2）在打开的“管理字体”对话框的“自定义字体堆栈”选项卡中单击 + 按钮，在“可用字体”列表框中选择需要的字体，单击 << 按钮将选择的字体添加到“选择的字体”列表框中，如图2-51所示，单击 完成 按钮返回“页面属性”对话框。

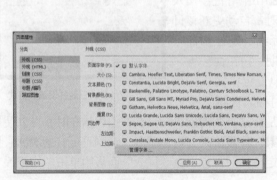

图2-50　设置字体

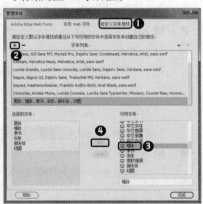

图2-51　添加字体

（3）设置"大小""文本颜色""背景颜色"分别为"16px""#5E5A5B""#E9E5DA"，页边界均设置为0，单击"确定"按钮，如图2-52所示。

（4）选择"标题（CSS）"选项，分别设置标题1~标题6的大小和颜色，如图2-53所示，单击 确定 按钮关闭对话框。

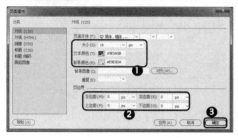
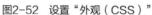

图2-52 设置"外观（CSS）"

图2-53 设置"标题（CSS）"

多学一招   **添加字体**

    "字体"下拉列表中的字体是 Dreamweaver CC 2018 默认的字体，要想使用计算机中已安装的其他字体，必须按上述方法将其添加到"页面字体"下拉列表中。

（三）插入文本

下面在网页中添加文本，具体操作如下。

微课视频

插入文本

（1）在设计视图中将插入点定位到文档开头，打开"show.txt"文件，全选文本并按【Ctrl+C】组合键复制文本。在Dreamweaver CC 2018中选择【编辑】/【选择性粘贴】菜单命令，在打开的"选择性粘贴"对话框中选中"仅文本"单选按钮，如图2-54所示。

（2）单击 确定 按钮将文本粘贴到网页文档中，如图2-55所示。

图2-54 选择性粘贴

图2-55 插入文档中的文本

（3）在"'圈粉'商务网简介"文本右侧单击插入点，按【Enter】键将文本分段，使用相同的方法将文本分成6段，如图2-56所示。

（4）在第3段文本中的"网站简介"文本右侧单击插入点，按【Shift+Enter】组合键将文本换行，使用相同的方法将其他副标题文本换行，如图2-57所示。

多学一招   **换行与分段**

    在网页中，换行是将文本换行显示，换行后的文本与上一行的文本属于同一个段落，并只能应用相同的格式和样式。分段同样是将文本换行显示，但换行后的文本属于另一个段落，可以应用其他格式和样式。

图2-56 将文本分段

图2-57 将文本换行

（5）将插入点定位到第2段文本段首，在按住【Ctrl+Shift】组合键的同时，按4次【Space】键插入空格，如图2-58所示。

（6）在代码视图中选择插入4个" "的代码，按【Ctrl+C】组合键复制代码，然后分别在其他段首按【Ctrl+V】组合键粘贴代码，如图2-59所示。

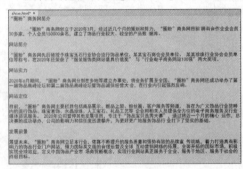

图2-58 插入空格

图2-59 粘贴空格对应的代码

（四）设置文本格式

在Dreamweaver CC 2018中设置文本格式通常采用样式较为丰富的CSS字体格式，下面为网页中的文本设置格式，具体操作如下。

（1）在实时视图中选择标题文本"'圈粉'商务网简介"，在CSS"属性"面板中的"字体"下拉列表中选择"黑体、楷体..."选项，单击"居中对齐"按钮，使标题居中对齐，如图2-60所示。

（2）在HTML"属性"面板中的"格式"下拉列表中选择"标题1"选项，应用标题1样式，如图2-61所示。

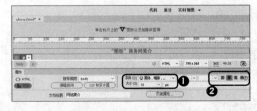

图2-60 设置CSS字体样式

图2-61 设置HTML字体样式

（3）在实时视图中，单击第3段文本"网站简介"将插入点定位到此处，在HTML"属性"面板中设置"格式"为"标题2"，如图2-62所示。

（4）使用相同的方法设置其他副标题文本的"格式"为"标题2"样式，效果如图2-63所示。

图2-62 设置栏目格式   图2-63 设置其他栏目格式

（5）在第4段文本中选择"珠宝玉石行业协会流行饰品单位、某某宝石商会会员单位、某某珍珠行业协会会员单位"文本，在CSS"属性"面板中设置"字体""大小""颜色"分别为"黑体，楷体，…""16px""#F3AB0F"，效果如图2-64所示。

图2-64 设置文本样式

（6）将插入点定位到标题文本后，在"插入"面板中选择 字符 下拉列表中的 ™ 商标 选项插入符号，单击"水平线"按钮 水平线 插入水平线，效果如图2-65所示。

图2-65 插入特殊符号

实训一 创建"爱尚汽车"网站站点

【实训要求】

创建"爱尚汽车"网站站点并对"index.html"网页文档进行属性设置，能够独立完成在Dreamweaver CC 2018 中创建站点、新建网页、设置标题和页面属性等操作。

【实训思路】

在规划站点时，先确定该网站需要包含的内容，然后细分每个板块的内容。在Dreamweaver CC 2018中新建站点，然后确定本地站点文件的保存位置，最后用"文件"面板规划网站的内容和表现形式。站点创建完成后，打开index.html文档，通过"页面属性"对话框设置网页的外观CSS属性。完成后的参考效果如图2-66所示。

微课视频

创建"爱尚汽车"
网站站点

图2-66 "爱尚汽车"网站站点

效果所在位置　效果文件\项目二\实训一\爱尚汽车.ste

【步骤提示】

（1）选择【站点】/【新建站点】菜单命令，新建"爱尚汽车"站点。

（2）在"文件"面板的"爱尚汽车"站点中新建"index.html"网页文档和"web""image"文件夹。

（3）双击"index.html"网页文档打开文档窗口，单击"属性"面板中的 页面属性... 按钮，打开"页面属性"对话框，选择"外观CSS"选项设置页面外观CSS属性。

（4）在"管理站点"对话框中导出站点为"爱尚汽车.ste"。

实训二　制作"爱尚汽车"车友会年会活动网页

【实训要求】

为"爱尚汽车"车友会制作"车友会年会活动"网页，用于介绍车友会年会活动，相关文本可打开"activity.txt"素材文件复制。

【实训思路】

本实训可综合练习在网页中添加文本等网页元素的方法，并掌握设置其属性的方法。在操作时可先打开提供的素材文件，将文本复制到网页文档中，再进行其属性的设置，效果如图2-67所示。

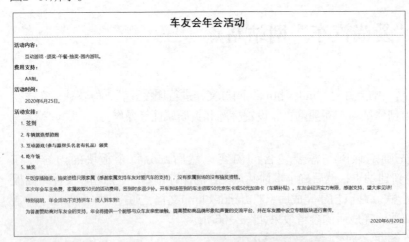

制作"爱尚汽车"车友会年会活动网页

图2-67　"爱尚汽车"车友会年会活动网页

 素材所在位置　素材文件\项目二\实训二\activity.txt
效果所在位置　效果文件\项目二\实训二\activity.html

【步骤提示】

（1）新建"activity.html"网页文档，设置页面外观CSS属性。

（2）设置标题1~3的"标题（CSS）"属性分别为"36px、#000000""18px、#312C5A""16px、#66498A"。

（3）将"activity.txt"素材文件中的文本复制到网页文档中，并对文本进行分段。

（4）设置文本的标题、栏目等格式，并在文本中插入水平线和日期。

常见疑难解析

问 插入水平线后，"属性"面板中并没有更改水平线颜色的设置，有没有什么方法可以更改水平线颜色呢？

答 更改水平线颜色可利用代码视图来实现，方法为：选择水平线，切换到代码视图，在代码"hr"后按【Space】键，打开一个列表框，双击其中的"color"选项，在打开的颜色选择器中选择需要的颜色。需要注意的是，无论选择了哪种颜色，设计视图中的水平线颜色是不会发生变化的，只有在保存网页后按【F12】键预览，才能看到更改的颜色效果。

问 要插入类似①、②、③的特殊符号时，不论是利用键盘输入还是Dreamweaver CC 2018提供的特殊符号都无法实现，这时该怎么办呢？

答 Dreamweaver CC 2018提供的特殊符号是有限的，如果需要输入的特殊符号不在Dreamweaver CC 2018提供的范围内，则可利用中文输入法提供的特殊符号来解决。目前任意一款流行的中文输入法都拥有大量的特殊符号。以搜狗拼音输入法为例，单击该输入法状态条上的▦按钮，在打开的对话框中单击"特殊符号"按钮即可打开特殊符号界面，在其中选择需要插入的特殊符号类型，单击对应的特殊符号按钮将其插入文本中。

拓展知识——添加滚动字幕

滚动字幕是一种动态的文本效果，它可以使网页更具动感。添加滚动字幕的具体操作如下。

（1）在代码视图的\<body>\</body>标签之间输入代码"\<marquee behavior="alternate" scrollamount="10">\</marquee>"，然后在\</marquee>标签之前输入用于制作滚动字幕的文本。

（2）按【Ctrl+S】组合键保存网页文档后，按【F12】键预览滚动字幕的效果，如图2-68所示。

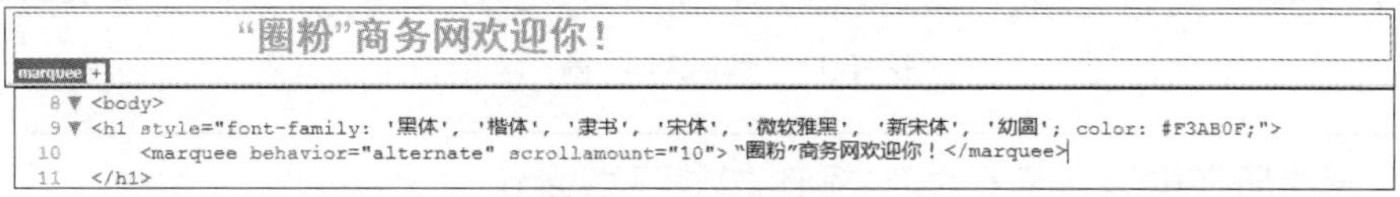

图2-68 滚动字幕效果

使用\<marquee>标签制作滚动字幕时，可结合表2-1所示的代码进行设置。

表2-1 \<marquee> 标签的作用与对应的代码

作用	代码
\<marquee direction="left">	从右向左滚动
\<marquee direction="right">	从左向右滚动
\<marquee direction="down">	从上向下滚动

续表

作用	代码
<marquee direction="up">	从下向上滚动
<marquee loop="5" width="200" behavior="scroll">	在规定范围内循环滚动 5 次
<marquee loop="5" width="80%" behavior="slide">	在规定范围内滚动 5 次后停止
<marquee loop="5" width="80%" behavior="alternate">	在规定范围内来回滚动 5 次
<marquee scrolldelay="50" scrollamount="20"	在滚动过程中适当暂停
<marquee height="40" width="80%" bgcolor="#FF0">	设置在滚动过程中文本背景颜色
<marquee hspace="50" vspace="50">	设置滚动时文本与网页上方和左侧的距离

课后练习

（1）创建"蓉锦大学"站点，独立完成在Dreamweaver CC 2018中创建和管理该站点等操作。

效果所在位置 效果文件\项目二\练习一\蓉锦大学.ste

（2）制作"蓉锦大学"简介网页，练习在网页中添加文本等网页元素的方法，并掌握页面属性设置的操作。在制作该网页时可先打开提供的素材文件，将其中的文本复制到网页文档中，再进行相关设置，效果如图2-69所示。

> 扬帆起航、迈向理想、锦绣前程——记奋进中的蓉锦大学
>
> 当初升的朝霞正绽放着灿烂，当晨雾和炊烟在田野上轻轻飘散，在古老的长江边，在原田山下、XX国道的旁边，有一所书声朗朗、生机盎然的学校，这就是四川蓉锦大学。
>
> 蓉锦大学始建于1950年，两次合并，一次搬迁，1979年原田区建制，学校升格为原田职业学院，2001年原田区与四向县合并，隶属于四向大学。2004年正式更名为蓉锦大学。过去的蓉锦大学，规模不大，面积较小，学生不足1000，教职工不满50，五栋民房一字排开，教学设施简陋，教学环境较差。承各级领导悉心关怀，蒙几代贤达栉风沐雨，经数届师生发愤图强，而今的蓉锦大学焕然一新。走进蓉锦大学，便有一股蓬勃之气、书香之气、自然之气迎面扑来。
>
> 学校占地面积12亩，建筑面积5亩。校园布局合理，绿化环境优美。有教学楼、综合楼、教师公寓楼、学生宿舍楼、学生食堂共20幢。新竣工的学生食堂，造型优美，环境优美；新建成的运动场观礼台气势宏伟；展览室资料齐全，琳琅满目；图书室、阅览室、仪器室、实验室、微机室等应有尽有，并广泛运用于教学之中。
>
> 蓉锦大学现开设15个专业，有教学班60多个，在校学生8000余人，教授16名、副教授25名、博士8名、硕士9名。师资力量雄厚，教学水平较高。学校从实践入手，坚持贯彻"从实践中来，往实践中去"的现代教学理念，改革教学模式，提高教学质量。
>
> 2009年春季，学校成功举办"原田区'早晨读、晚习武'课题实验暨教学成果转化观摩会"，全区教育精英云集于此，

图2-69 "蓉锦大学"简介网页

素材所在位置 素材文件\项目二\练习二\about.txt
效果所在位置 效果文件\项目二\练习二\about.html

项目三
编辑网页元素

情景导入

老洪对米拉说："学习了网页编辑的基本操作后，你已经能够独立创建简单的网页，下面你可以在网页中添加网页元素，并对这些网页元素进行编辑。"米拉问："什么是网页元素？"老洪告诉米拉，网页元素就是组成网页的对象，除了文本外，还包括图像、音频、视频、Flash动画等。米拉高兴地说："那现在就开始学习吧。"

学习目标

- ● 掌握图像的使用方法

  如插入图像、设置图像属性、创建鼠标经过图像等。

- ● 掌握Flash动画的使用方法

  如插入SWF文件、设置SWF文件属性。

- ● 掌握音频和视频的插入方法

  如音频的插入和设置、视频的插入和设置。

案例展示

▲ "圈粉"网站商品展示页面

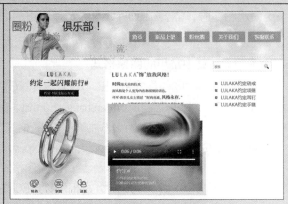

▲ "圈粉"视听宣传页面

任务一　制作"圈粉"商品展示页面

精致的页面不仅有文本，还有图像。精美的图像不但能让网页看起来赏心悦目，而且可以使网页的内容更加引人入胜。

一、任务目标

使用Dreamweaver CC 2018制作"圈粉"商品展示页面。在制作时，可以先打开布局好的HTML文档，然后插入图像，并合理编辑这些图像。制作完成的"圈粉"商品展示页面效果如图3-1所示。

 素材所在位置　素材文件\项目三\任务一\product.html、image\
效果所在位置　效果文件\项目三\任务一\product.html

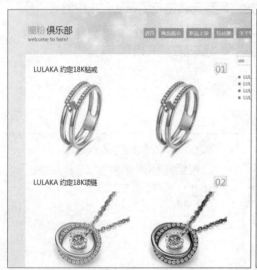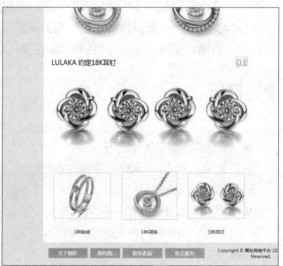

图3-1　"圈粉"商品展示页面效果

二、相关知识

在页面中适当添加图像，不仅可以使页面更美观，还可以使用户对网站更有好感。在网页中使用图像时，需要根据网页内容选择合适的图像并插入，插入图像后，还可以根据页面需要设置图像属性。

（一）网页中常用的图像格式

网页中常用的图像格式有GIF、JPEG 和 PNG。

- **GIF**。GIF（Graphics Interchange Format）为图像交换格式，它主要采用LZW无损压缩算法，最多只能显示256种颜色；GIF格式主要用在菜单或图标等简单的图像中。
- **JPEG**。JPEG（Joint Photographic Experts Group）为联合图像专家组格式，即由联合图像专家组构建的图像标准；该图像格式采用有损压缩算法，在压缩图像时，可能引起图像失真；与GIF格式相比，JPEG格式可以显示更多的颜色，图像的色彩更加丰富，因此JPEG格式常用于结构比较复杂的图像中，如数码相机拍摄的照片、扫描的图像和使用多种颜色制作的图像等。

● **PNG。** PNG（Portable Network Graphic）为可移植网络图像格式；该格式的图像压缩后不会失真，并且支持透明效果。

（二）插入图像

在Dreamweaver CC 2018中插入图像的方法有多种，下面分别进行介绍。

● **直接插入。** 将鼠标指针定位到需要插入图像的位置，选择【插入】/【Image】菜单命令或在"插入"面板中单击"Image"按钮 ，在打开的"选择图像源文件"对话框中选择需要插入的图像源文件，如图3-2所示，单击 确定 按钮插入图像，如图3-3所示。

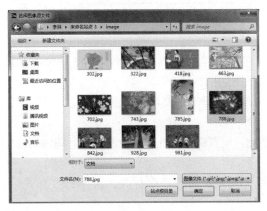

图3-2　选择图像源文件　　　　　　　　图3-3　插入图像

> **多学一招**
>
> **站点图像文件**
>
> 　　将图像插入网页时，HTML源代码中会生成对该图像源文件的引用。为了确保该引用的正确性，该图像源文件必须位于当前站点中。如果图像源文件不在当前站点中，Dreamweaver CC 2018会询问用户是否将此图像源文件复制到当前站点中。

● **通过"文件"面板插入。** 在"文件"面板的站点文件夹中选择需要插入的图像源文件，将其直接拖曳到插入位置，即可完成图像插入操作，如图3-4所示。

● **通过"资源"面板插入。** 在"资源"面板中选择需要插入的图像源文件，将其直接拖曳到插入位置或单击 插入 按钮，即可插入图像，如图3-5所示。

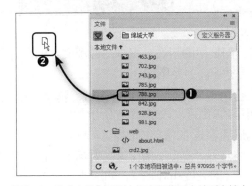

图3-4　从"文件"面板中拖曳图像源文件到文档中　　　　图3-5　通过"资源"面板插入图像

（三）设置图像属性

在网页中插入图像后，有时还需要重命名图像、设置图像大小、修改图像源文件、添加图像说明等，这些都可以通过设置图像属性实现。设置图像属性有3种方法：使用"属性"面板设置、使用HTML代码设置和使用快速"属性"检查器设置。

1. 使用"属性"面板设置

在网页中选择图像后，在图像的"属性"面板中可设置图像属性，如图3-6所示。

图3-6　图像的"属性"面板

图像的"属性"面板中各选项的含义如下。

● **"ID"文本框**。用于设置图像的名称，在使用行为或编写脚本语言（JavaScript 或 Visual Basic Script）时，可以通过该名称来引用图像。

● **"Src"文本框**。用于显示图像源文件的路径，单击该文本框后的"浏览文件"按钮 📁，可在打开的对话框中选择图像源文件。

● **"链接"文本框**。用于指定图像的链接地址，设置链接地址后，单击图像会跳转到目标位置。

● **"Class"下拉列表框** 无 。用于选择用户定义的 CSS 样式，选择 CSS 样式后，该样式将应用到图像中。

● **"编辑"按钮** Ps。单击该按钮，将启动外部图像编辑软件对所选图像进行编辑操作。

● **"编辑图像设置"按钮** 。单击该按钮，将打开"图像优化"对话框，拖曳"品质"滑块可调整图像的品质，如图 3-7 所示。

图3-7　调整图像品质

● **"从源文件更新"按钮** 。单击该按钮，网页中的图像会根据图像源文件的内容和原始优化设置，以新的大小、无损坏的方式重新显示图像。

● **"裁剪"按钮** 。单击该按钮，图像上会出现带控制点的矩形区域，拖曳控制点，调整矩形区域的大小，按【Enter】键即可裁剪图像，如图 3-8 所示。

● **"重新取样"按钮** 。单击该按钮，会重新读取图像的信息并取样。

● **"亮度和对比度"按钮** 。单击该按钮，将打开"亮度 / 对比度"对话框，在"亮度"和"对比度"文本框中输入值，可调整图像的亮度和对比度，如图 3-9 所示。

图3-8　裁剪图像

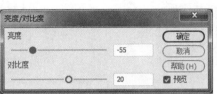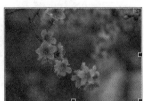

图3-9　调整图像的亮度和对比度

- **"锐化"按钮**🔺。单击该按钮，可以对所选图像的清晰度进行调整，如图3-10所示。

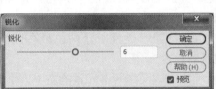

图3-10　锐化图像

- **"宽"和"高"文本框**。用于调整图像的宽和高，默认单位为px（像素）；文本框后的🔒按钮表示图像处于等比例约束状态，单击该按钮，该按钮将变为🔓状态，此时可单独设置图像的宽和高。
- **"替换"列表框**。在该列表框中输入替换文本，当图像不能正常显示时，会显示"替换"列表框中输入的替换文本。
- **"地图"文本框**。用于显示创建的热点名称。
- **热点工具**🔳。用于创建图像热点，指针热点工具🔺用于选择、编辑热点区域，矩形热点工具🔲用于创建矩形热点，圆形热点工具⚪用于创建圆形热点，多边形热点工具▽用于创建多边形热点。
- **"目标"文本框**。为图像创建链接后，可激活该文本框，用于指定图像链接的位置。
- **"原始"文本框**。当插入的图像过大时，图像读取时间会变长，该文本框将在完全读取源图像文件之前，临时指定显示在浏览器中的低分辨率图像文件。

2. 使用HTML代码设置

在HTML代码中设置图像的属性，可以通过以下几种方式。

- **设置宽度和高度**。在HTML代码中，width和height代码表示图像的宽度和高度，如 \<img src="image/788.jpg" width="500" height="335"\>。

- **替换文本**。alt代码用于指定图像无法显示时的替代文本，与"属性"面板中"替换"列表框的功能相同，如<img src="image/788.jpg" alt="校园一角">。

- **边框**。使用border代码和像素标识宽度值可以缩小或加宽图像的边框，如<img src="crd3.jpg" style="border:5px solid #F3AB0F"/>，表示图像边框的"粗细、类型、颜色"为"5px、实线、#F3AB0F"，图3-11所示为图像添加边框前后的效果。

图3-11 图像添加边框前后的效果

- **对齐**。align代码用于设置图像的对齐方式，如<img src="image/788.jpg" align="left" />，表示左对齐图像。

- **垂直边距和水平边距**。通过hspace和vspace代码可设置图像的垂直边距和水平边距，其单位默认为像素，如<img src="image/788.jpg" hspace="6" vspace="8"/>，表示图像与左、右两侧对象的间距为6px，与上、下两边对象的间距为8px。

3. 使用快速"属性"检查器设置

快速"属性"检查器显示在实时视图中所选元素的左上方。使用快速"属性"检查器可以在实时视图中编辑图像属性，方法为：在实时视图中选择图像，单击图像上方出现的▤按钮，在弹出的"HTML"面板中设置图像属性，如图3-12所示。

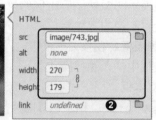

图3-12 使用快速"属性"检查器设置图像属性

> **知识提示**
>
> **快速"属性"检查器**
>
> 　在快速"属性"检查器中单击＋按钮可以为所选元素添加 Class 或 ID 类。除了图像外，文本也有对应的快速"属性"检查器，利用实时视图中文本的快速"属性"检查器，可以快速设置文本格式。

（四）创建鼠标经过图像

鼠标经过图像是一种在浏览器中查看的图像效果，当鼠标指针经过图像时，图像会发生变化。要创建鼠标经过图像，必须有两个图像。主图像或首次加载页面时显示的图像，以及次图像或鼠标指针经过主图像时显示的图像，如图3-13所示。这两个图像的大小必须相同，如果图像大小不同，Dreamweaver CC 2018会调整第二个图像，使其与第一个图像的大小匹配。

创建鼠标经过图像的方法为：在"插入"面板中单击"鼠标经过图像"按钮，打开"插入鼠标经过图像"对话框，设置原始图像和鼠标经过图像的路径，并设置其他参数，如图3-14所示。该对话框中的各选项介绍如下。

图3-13 鼠标经过图像

图3-14 选择图像并设置参数

- **图像名称**。鼠标经过图像的名称。
- **原始图像**。页面加载时显示的原始图像，在文本框中可输入图像路径，或单击 浏览 按钮选择图像路径。
- **鼠标经过图像**。鼠标指针经过原始图像时要显示的图像，设置的方法与原始图像相同。
- **预载鼠标经过图像**。将图像预先加载到浏览器的缓存中，以便鼠标指针经过图像时不发生延迟。
- **替换文本**。为使用只显示文本的浏览器的用户描述图像，是一种可选文本。
- **按下时，前往的URL**。用于指定鼠标经过图像时要打开的文件，可输入文件路径或单击 浏览 按钮选择文件。

三、任务实施

（一）插入图像

下面打开使用表格布局的网页素材，在网页各板块中插入"圈粉"网站的商品图像，具体操作如下。

（1）启动Dreamweaver CC 2018，打开"product.html"网页，在设计视图中将插入点定位到"钻戒"文本下的单元格中，如图3-15所示，然后在"插入"面板中单击"Image"按钮 Image 。

（2）打开"选择图像源文件"对话框，在"选择"下拉列表框中选择源图像文件所在的路径，在文件列表框中选择"crd.jpg"文件，单击 确定 按钮，如图3-16所示。

微课视频

插入图像

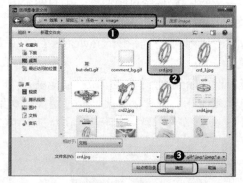

图3-15　定位插入点　　　　　　　　图3-16　选择要插入的图像源文件

（3）将插入点定位到"钻戒"文本下方右边的单元格中，使用相同的方法插入"crd_3.jpg"文件，如图3-17所示。

（4）使用相同的方法在"项链"和"耳钉"文本下方的单元格中依次插入"txl.jpg""tsl_3""jpg""tsl.jpg""tsl4.jpg"文件，如图3-18所示。

图3-17　插入图像　　　　　　　　　图3-18　继续插入图像

（5）将插入点定位到下一个单元格中，在"插入"面板中单击"鼠标经过图像"按钮
🖱️ 鼠标经过图像，在打开的"插入鼠标经过图像"对话框中分别设置"图像名称""原始图像""鼠标经过图像"为"Image1""crd3.jpg""crd_3.jpg"，在"替换文本"文本框中输入"LULAKA约定18K钻戒"，单击 确定 按钮，如图3-19所示。

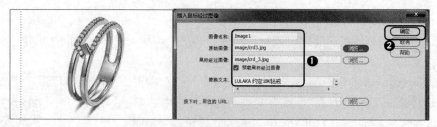

图3-19　插入鼠标经过图像

（6）使用相同的方法为后面两个单元格插入鼠标经过图像，设置"原始图像"和"鼠标经过图像"分别为"tsl3.jpg""tsl_3.jpg"和"tsl_4.jpg""tsl4.jpg"，效果如图3-20所示。

图 3-20　插入鼠标经过图像后的效果

（二）设置图像属性

下面设置插入文档中图像的属性，具体操作如下。

微课视频

设置图像属性

（1）切换到实时视图，单击"钻戒"图像，单击出现的▤按钮，在弹出的"HTML"面板中设置"width""height"分别为"360""282"，如图3-21所示。

（2）使用相同的方法设置"项链"和"耳钉"图像的"width""height"都为"360""282"，如图3-22所示。

图3-21　快速设置图像大小1

图3-22　快速设置图像大小2

（3）切换到设计视图，选择鼠标经过的"钻戒"图像，在代码视图的<img>标签中输入代码"style="border: 1px solid #E1D7D7""，为图像添加边框。复制这段代码，选择后面的两个图像，分别粘贴这段代码到<img>标签中，效果如图3-23所示。

图3-23　为图像添加边框

任务二　制作"圈粉"视听宣传页面

只有文本和图像的网页显得单调，在网页中加入Edge Animate动画合成、Flash动画、视频和音频等动态元素，可使网页更有动感，网页效果也更加出彩。

一、任务目标

使用Dreamweaver CC 2018制作"圈粉"视听宣传页面，在制作时先插入Flash动画作为网页的Banner条，再添加产品宣传视频文件。本任务制作完成后的参考效果如图3-24所示。

素材所在位置 素材文件\项目三\任务二\advert.html、image\
效果所在位置 效果文件\项目三\任务二\advert.html

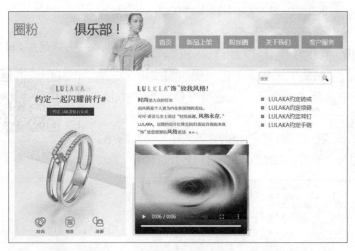

图3-24 "圈粉"视听宣传页面

二、相关知识

本任务涉及多媒体元素的添加，网页中的多媒体元素包括Edge Animate动画合成、Flash动画、HTML5 Video、HTML5 Video等，下面进行详细介绍。

（一）Edge Animate动画合成

Dreamweaver CC 2018增加了Edge Animate动画合成的相关功能，Edge Animate动画合成是使用Adobe Edge Animate软件制作的扩展名为.oam的动画文件，具有可跨平台、跨浏览器播放等特点。

1. 插入Edge Animate动画合成

在Dreamweaver CC 2018中插入Edge Animate动画合成比较方便，方法为：在"插入"面板中单击"动画合成"按钮 动画合成，在打开的"选择动画合成"对话框中选择需要插入的Edge Animate动画合成，或者切换到"代码"视图，将插入点定位到<p>标签中，输入代码"<object id="EdgeID" type="text/html" width="576" height="320" data-dw-widget="Edge" data="text.html"></object>"，设置文件的大小、文件类型及插入的文件，如图3-25所示。

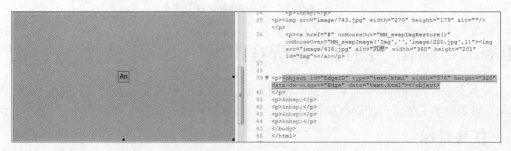

图3-25 插入Edge Animate动画合成

知识提示

2. 设置Edge Animate动画合成的属性

在网页中插入 Edge Animate 动画合成后，会在"属性"面板中显示 Edge Animate 动画合成的属性，在"属性"面板中可设置 Edge Animate 动画合成的 ID、宽和高等，如图 3-26 所示。

图3-26　Edge Animate "属性"面板

● **"ID"文本框**。在该文本框中可以输入 Edge Animate 动画合成的名称。
● **"Class"下拉列表框**。在该下拉列表框中可以为 Edge Animate 动画合成选择定义好的样式。
● **"宽"和"高"文本框**。在"宽"和"高"文本框中可以输入 Edge Animate 动画合成的宽和高。

（二）Flash动画

Flash动画表现力丰富，可以给人极强的视听感受，而且它的体积较小，能被绝大多数浏览器支持，因此，Flash动画被广泛应用于网页中。在 Dreamweaver CC 2018中插入Flash动画前，应熟悉以下文件类型。

● **FLA文件（.fla）**。Flash 动画的源文件，使用 Flash 软件创建，只能在 Flash 软件中打开。
● **SWF文件（.swf）**。FLA文件的编译版本，已进行了优化，可以在互联网上传输，可以在浏览器中播放，还可以在 Dreamweaver 中预览，但不能在Flash软件中编辑。

在Dreamweaver CC 2018中插入SWF文件的方法为：选择【插入】/【HTML】/【Flash SWF】菜单命令或按【Ctrl+Alt+F】组合键，或在"插入"面板中单击"Flash SWF"按钮 🖺 Flash SWF，在打开的"选择SWF"对话框中选择SWF文件。将SWF文件插入网页中后，在设计视图中选择SWF文件，在"属性"面板中可以设置SWF文件的属性，如图3-27所示。

图3-27　SWF "属性"面板

SWF "属性"面板中相关选项的含义如下。

● **"FlashID"文本框**。用于输入 SWF 文件的名称。
● **"宽"和"高"文本框**。用于设置 SWF 文件的宽和高，默认情况下会自动以插入的 SWF 文件的宽和高为基准。
● **"文件"文本框**。用于显示 SWF 文件的路径，单击"浏览"按钮 🖿，可重新添加 SWF 文件。
● **"源文件"文本框**。如果计算机上同时安装了 Dreamweaver 和 Flash 软件，可以指定 FLA 文件的路径，用于编辑 SWF 文件。

- "背景颜色"按钮 ▢。用于设置SWF文件的背景颜色，一般情况下SWF文件的背景颜色应与网页背景颜色相同。
- 可编辑(E) 按钮。在指定了源文件的情况下单击该按钮，可启动Flash软件编辑当前插入的SWF文件的源文件。
- "Class"下拉列表框。可为当前SWF文件选择定义好的CSS样式。
- "循环"复选框。选中该复选框，可重复播放SWF文件。
- "自动播放"复选框。选中该复选框，在加载网页后会自动播放插入的SWF文件。
- "垂直边距"和"水平边距"文本框。用于设置SWF文件与网页上、下、左、右的间距。
- "品质"下拉列表框。用于设置SWF文件播放的品质，包括"低品质""自动低品质""自动高品质""高品质"4个选项。
- "比例"下拉列表框。用于设置SWF文件在网页中显示的比例。
- "对齐"下拉列表框。用于设置SWF文件的对齐方式。
- "Wmode"下拉列表框。用于设置SWF文件的背景是否透明，是SWF文件常用的属性。
- 参数... 按钮。在指定了源文件的情况下单击该按钮，可设置FLA文件的相关参数。

（三）FLV文件

使用Dreamweaver CC 2018可以在网页中添加FLV文件。FLV全称为Flash Video，是一种流媒体视频格式。FLV文件具有文件体积小、加载速度快等特点，可以直接在网页中播放。

在Dreamweaver CC 2018中添加FLV文件的方法为：选择【插入】/【HTML】/【Flash Video】菜单命令或在"插入"面板中单击"Flash Video"按钮 🖼 Flash Video，打开"插入FLV"对话框，在"视频类型"下拉列表框中选择"累进式下载视频"或"流视频"选项，对其余选项进行设置后，单击 确定 按钮即可插入FLV文件，如图3-28所示。FLV文件在浏览器中的预览效果如图3-29所示。

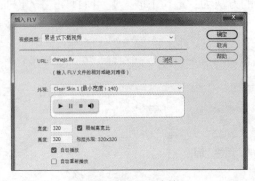

图3-28　插入FLV文件

图3-29　FLV文件在浏览器中的预览效果

（四）HTML5 Video

插入HTML5 Video是一种将视频和电影嵌入网页中的标准方式，下面讲解插入HTML5 Video和设置HTML5 Video属性的方法。

1. 插入HTML5 Video

在Dreamweaver CC 2018中，可以通过菜单命令、"插入"面板和HTML代码插入HTML5 Video。

● **通过菜单命令**。将插入点定位到需要插入HTML5 Video的位置，然后选择【插入】/【HTML】/【HTML5 Video】菜单命令。

● **通过"插入"面板**。将插入点定位到需要插入HTML5 Video的位置，然后在"插入"面板中单击"HTML5 Video"按钮 ▤ HTML5 Video 。

● **通过HTML代码**。在代码视图中，将插入点定位到<body>标签内需要插入HTML5 Video的位置，输入<video controls></video>代码。

2. 设置HTML5 Video的属性

插入HTML5 Video后，网页中只有一个占位符，没有具体内容，因此需要通过"属性"面板设置其属性，如设置源视频的路径和其他属性，如图3-30所示。

图3-30　HTML5 Video "属性" 面板

HTML5 Video "属性" 面板中相关选项的含义如下。

● **"ID"下拉列表框**。可以在该下拉列表框中输入 HTML5 Video 的名称，以便编写脚本语言时进行引用。

● **"Class"下拉列表框**。可以为 HTML5 Video 选择已经定义好的 CSS 样式。

● **"W"和"H"文本框**。在该文本框中输入值，可设置 HTML5 Video 的宽和高，默认单位为像素。

● **"源"文本框**。用于显示 HTML5 Video 的路径，在"源"文本框后单击"浏览"按钮 ▤，在打开的对话框中选择需要插入的 HTML5 Video 或拖曳"指向文件"按钮 ⊕ 至视频目标位置，可以重新设置 HTML5 Video 路径；"Alt 源 1"和"Alt 源 2"文本框也是用于设置 HTML5 Video 文件的，当"源"中指定的 HTML5 Video 不被浏览器支持时，则会使用"Alt 源 1"或"Alt 源 2"文本框中所指定的 HTML5 Video。

● **"Poster"文本框**。用于输入在 HTML5 Video 完成下载后或在单击"播放"后显示视频的位置，当插入视频后，视频宽度和高度会自动进行填充。

● **"Title"文本框**。用于指定 HTML5 Video 的标题。

● **"回退文本"文本框**。用于设置浏览器不支持 HTML5 Video 时显示的文本。

● **"Controls"复选框**。默认选中该复选框，用于设置是否要在网页中显示视频控件，如播放、暂停和静音设置。

● **"AutoPlay"复选框**。用于设置是否在加载网页后，自动播放插入的 HTML5 Video。

● **"Loop"复选框**。用于设置是否在加载网页后连续播放 HTML5 Video。

● **"Muted"复选框**。用于设置 HTML5 Video 是否为静音。

● **"Preload"下拉列表框**。用于指定 HTML5 Video 如何在网页中加载，共包含 3 种方式，"none"表示使用默认的方式加载，"auto"表示在下载整个网页时加载视频文件，"metadata"表示在网页下载完成后仅下载视频的源数据。

● **"Flash 回退"文本框**。用于对不支持 HTML5 Video 的浏览器设置可选择的 SWF 文件。

（五）HTML5 Audio

插入HTML5 Audio是一种将音频内容嵌入网页的标准方式。HTML5 Aideo插入后也以占位符的形式显示。

1. 插入HTML5 Aideo

在Dreamweaver CC 2018中可以通过菜单命令、"插入"面板和HTML代码插入HTML5 Aideo。

● **通过菜单命令**。将插入点定位到需要插入HTML5 Aideo的位置，然后选择【插入】/【HTML】/【HTML5 Audio】菜单命令。

● **通过"插入"面板**。将插入点定位到需要插入HTML5 Audio的位置，然后在"插入"面板中单击"HTML5 Aideo"按钮◀ HTML5 Audio 。

● **通过HTML代码**。在代码视图中，将插入点定位到<body>标签内需要插入HTML5 Audio的位置，输入<audio controls></audio>代码。

2. 设置HTML5 Audio的属性

HTML5 Audio的属性设置与HTML5 Video的属性设置方法相同，它们的属性也基本相同，这里不再介绍，读者可参考HTML5 Video的属性作用及设置方法，在HTML5 Audio"属性"面板中进行设置，如图3-31所示。

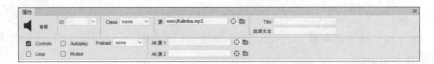

图3-31　HTML5 Audio"属性"面板

> **知识提示**
>
> **插入音频文件的注意事项**
>
> 网页支持的音频文件格式较多，如WAV、MIDI和MP3。在插入音频文件前，需要考虑插入音频的目的、页面访问者的需求、音频文件的大小、音频文件的声音品质和不同浏览器的差异。浏览器不同，处理音频文件的方式也不同，也可将音频文件嵌入SWF文件，使两者合为一个整体。

三、任务实施

（一）插入SWF文件

下面在"圈粉"视听宣传页面中插入SWF文件，具体操作如下。

（1）启动Dreamweaver CC 2018，选择【文件】/【打开】菜单命令或按【Ctrl+O】组合键，打开"打开"对话框，在其中双击"advert.html"文件将其打开。

（2）将插入点定位到表格第1行第1列，选择【插入】/【HTML】/【Flash SWF】菜单命令，打开"选择SWF"对话框，在"选择"下拉列表框中选择动画文件所在的路径，选择"banner.swf"动画文件，单击 确定 按钮，如图3-32所示。

（3）打开"对象标签辅助功能属性"对话框，单击 确定 按钮插入动画文件，如图3-33所示。

微课视频

插入SWF文件

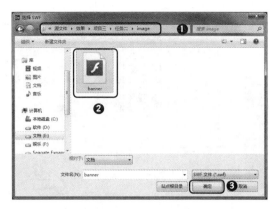

图3-32　选择SWF文件

图3-33　对象标签辅助功能属性

（4）在设计视图中选择插入的SWF文件，在SWF"属性"面板中设置"宽""高"
"垂直边距""水平边距""品质""对齐""Wmode"分别为"420""160""0"
"0""高品质""顶端""透明"，并选中"循环"和"自动播放"复选框，其他选
项保持默认设置，如图3-34所示。

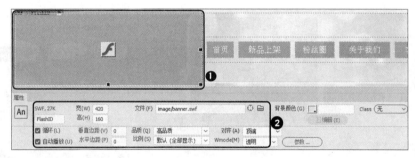

图3-34　设置SWF文件的属性

（5）按【F12】键，在打开的浏览器中预览SWF文件，效果如图3-35所示。

图3-35　预览SWT文件的效果

（二）插入视频文件

下面将插入一个视频文件，并设置视频的各项属性，具体操作如下。

（1）将插入点定位到表格左侧的单元格中，插入"cdr5.jpg"文件，
再将插入点定位到右侧单元格中，选择【插入】/【HTML】/
【HTML5 Video】菜单命令，在插入点处插入视频插件，如图
3-36所示。

（2）选择该插件，在"属性"面板中单击"源"文本框后的□按钮，
在打开的"选择视频"对话框中选择"009.mp4"文件，然后单击
□□按钮，如图3-37所示。

微课视频

插入视频文件

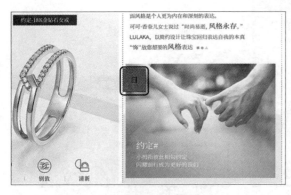

图3-36　插入视频插件　　　　　　　　图3-37　选择视频文件

（3）在HTML Video "属性" 面板中分别设置 "W" "H" 为 "320" "260"，并选中 "Controls" 和 "AutoPlay" 复选框，如图3-38所示。

（4）在状态栏中单击 "实时预览" 按钮，在打开的下拉列表中选择一种浏览器预览视频，效果如图3-39所示。

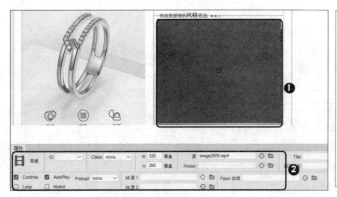

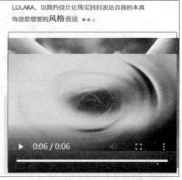

图3-38　设置视频属性　　　　　　　　图3-39　预览视频效果

实训一　创建 "爱尚汽车" 新车发布页面

【实训要求】

创建 "爱尚汽车" 新车发布页面，通过实训熟练掌握在网页中插入图像和设置图像属性的方法。

【实训思路】

在打开的素材网页中插入图像和鼠标经过图像，然后设置图像属性并添加说明文本。参考效果如图3-40所示。

高清彩图

"爱尚汽车" 新车发布页面效果

素材所在位置　素材文件\项目三\实训一\image\、picture.html
效果所在位置　效果文件\项目三\实训一\picture.html

图3-40　"爱尚汽车"新车发布页面效果

【步骤提示】

（1）在Dreamwearver CC 2018中打开"picture.html"网页文档，在表格的第1行插入"logo.png"文件。

（2）在网页中间空白单元格中的第1行插入鼠标经过图像"c2.jpg""ca2.jpg"文件，设置图像的"宽""高"分别为"930px""300px"。

（3）在第2行的单元格中插入鼠标经过图像"ca1.jpg""c1.jpg"文件，设置图像的"宽""高"分别为"930px""300px"。

（4）在第3行的单元格中分别插入"title_1.jpg"和"title_r.jpg"文件。

（5）在第4行的单元格中插入"lpao01.jpg"文件。

（6）在第4行的单元格中添加说明文本，将"新车发布"文本的格式设置为"标题2"。

微课视频

创建"爱尚汽车"
新车发布页面

实训二　制作"爱尚汽车"动画宣传页面

【实训要求】

　　为"爱尚汽车"网站制作动画宣传页面，需要在页面中插入Flash动画和视频，增加页面的动感，提高喜欢新车的车友们对网站的关注度。

【实训思路】

　　本实训可综合练习在网页中插入Flash动画和视频的方法。在操作时可先打开提供的素材文件，然后将SWF文件和FLV文件插入网页中，效果如图3-41所示。

高清彩图

"爱尚汽车"动画宣
传页面

素材所在位置　素材文件\项目三\实训二\image\、car.p4、mtv.html

效果所在位置　效果文件\项目三\实训二\mtv.html

图3-41 "爱尚汽车"动画宣传页面

【步骤提示】

（1）在Dreamwearver CC 2018中打开"mtv.html"网页文档。

（2）在第2行的单元格中插入"car.swf"动画文件，设置"Wmode"为"透明"，选中"循环"和"自动播放"复选框。

（3）在第4行左边的单元格中插入"car.flv"视频文件，设置视频"宽""高"分别为"400px""280px"。

（4）在第4行右边的单元格中插入"gl.jpg"图像文件。

微课视频

制作"爱尚汽车"
动画宣传页面

常见疑难解析

问 在网页中添加图像，需注意哪些方面？

答 图像应采用GIF、JPG压缩格式，以加快网页加载速度。每幅图像要有说明文本（即"替换文本"属性），这样如果图像不能正常显示，就可以知道图像代表的意思。要设置图像的宽度和高度，避免图像不能正常显示时，出现页面混乱的现象。不要每个页面都采用不同的背景图像，以免每次跳转页面时都要花大量时间去下载背景图像，采用相同的底色或背景图像可以保持网页风格的一致性。底色或背景图像必须与文本有一定的对比，方便阅读。

问 图像的选择是网页制作的难题，图像的准备和选择有没有一些方法？

答 在添加图像前一定要做好准备，如需要添加什么样的图像、图像的尺寸是多少，这样有助于设计网页布局。若暂时没有合适的图像，可以先使用图像占位符来布局网页，避免出现网页凌乱的情况。在进行图像处理时，图像的尺寸一定要符合图像占位符的尺寸，太大或太小都会导致网页跳版。

问　有背景音乐的网页，在最小化状态下浏览时，为什么无法听到背景音乐？

答　若想听到网页的背景音乐，背景音乐所在网页必须是当前网页，即目录被激活的网页。如果想在网页最小化后仍有背景音乐，可以将音乐插入Flash动画中，并设置Flash动画的大小为1px，在网页中插入该Flash动画后，即使网页最小化，音乐仍会照常播放。

拓展知识

1. 使用外部图像编辑器编辑图像

在Dreamweaver CC 2018中还可以使用外部图像编辑器对选定的图像进行编辑，方法为：在设计视图中选择图像，在"属性"面板中单击 Ps 按钮，启动图像编辑器进行编辑。保存编辑后的图像并返回Dreamweaver CC 2018后，可以在"文档"窗口中看到编辑后更新的图像。

也可以设置一个主外部编辑器，或选择多个图像编辑器，设置每个编辑器可以打开哪些格式的图像并进行编辑。例如，通过设置首选项来实现，在编辑 JPEG格式的文件时启动Photoshop，而在需要编辑GIF格式的动画时启动另一个图像编辑器。

在首选项中选择与Dreamweaver关联的外部应用程序的方法为：选择【编辑】/【首选项】菜单命令，在打开的"首选项"对话框的"文件类型/编辑器"选项卡中设置编辑软件。

2. 浏览器对HTML5 Video的支持

不同浏览器支持的HTML5 Video格式不同，详情参见表3-1。

表 3-1　浏览器支持的 HTML5 Video 格式

浏览器	MP4	WebM	Ogg
Internet Explorer 9	是	否	否
Firefox 4.0	否	是	是
Google Chrome 6	是	是	是
Apple Safari 5	是	否	否
Opera 10.6	否	是	是

课后练习

（1）为"蓉锦大学"制作校园风光图片展示页面，练习在Dreamweaver CC 2018中插入图像和Flash动画并设置其属性等操作，参考效果如图3-42所示。

素材所在位置　效果文件\项目三\练习一\img\、mzzx.swf
效果所在位置　效果文件\项目三\练习一\xxgk.html

"蓉锦大学"校园风
光图片展示页面

图3-42　"蓉锦大学"校园风光图片展示页面

（2）制作"蓉锦大学"视频宣传页面，练习在网页中添加Flash动画、视频等网页元素，并设置属性的操作。参考效果如图3-43所示。

"蓉锦大学"视频宣
传页面

图3-43　"蓉锦大学"视频宣传页面

素材所在位置　素材文件\项目三\练习二\xxsp.html、mzzx.smf、rjzx.mp4、img\
效果所在位置　效果文件\项目三\练习二\xxsp.html

项目四
编辑网页中的超链接

情景导入

老洪告诉米拉："一个完整的网站是由多个网页组成的，每个网页之间通过超链接进行跳转，同一个网页中也可设置不同超链接跳转到不同的位置。可以说，超链接就是网页之间的桥梁。"米拉说："那么网页中的超链接该怎么创建呢？"老洪说："下面我们就来学习创建文本和图像等超链接的方法。"

学习目标

- **认识超链接**
  如超链接的组成、类型和路径等。
- **掌握超链接的创建方法**
  如文本超链接、电子邮件超链接、锚点超链接的创建方法等。

- **掌握图像超链接的创建方法**
  如直接添加超链接、图像地图、管理超链接等。

案例展示

▲ "圈粉"网站简介页面

▲ "圈粉"产品图像页面

任务一　为"圈粉"商务网简介页面创建文本超链接

　　本任务主要是为"圈粉"商务网创建文本超链接，通过访问商务网简介页面里的文本超链接打开其他页面，下面进行具体讲解。

一、任务目标

　　超链接犹如一个网站的桥梁，可以将制作好的单个网页链接起来，使其组成完整的网站。本任务需要为"圈粉"商务网简介页面创建文本超链接，使用户能够方便地在网页之间进行跳转。本任务制作完成后的最终效果如图4-1所示。

高清彩图

"圈粉"网站各网页
效果

素材所在位置　素材文件\项目四\任务一\show.html、commodit.html
效果所在位置　效果文件\项目四\任务一\show.html

图4-1　"圈粉"网站各网页效果

二、相关知识

　　超链接是制作网站必不可少的元素，它可以将网站中的每个网页关联起来。在使用超链接前需要先认识超链接，然后再创建超链接，最后设置超链接的属性。

（一）认识超链接

　　与其他网页元素不同的是，超链接更强调一种相互关系，即从一个页面指向一个目标对象的链接，目标对象可以是一个页面或同一页面中的不同位置，还可以是图像、文件等。当在网页中设置了超链接后，将鼠标指针移动到超链接上，鼠标指针将呈🖑，如图4-2所示，单击超链接可跳转到链接的目标对象。

1. 超链接的组成

　　超链接主要由源端点和目标端点两部分组成，有超链接的一端称为超链接的源端点，单击超链接源端点后跳转到的页面所在地址称为目标端点。

　　URL定义了一种统一的网络资源寻找方法，所有网络上的资源，如网页、音频、视频、

Flash、压缩文件等，均可通过这种方法来访问。

图4-2　鼠标指针移至超链接上的状态

URL的基本格式为：访问方案://服务器:端口/路径/文件#锚点，如http://×××××.com:80/item/10021486.htm#2，下面介绍其中的各个组成部分。

● **访问方案**。访问资源的URL方案，是在客户端程序和服务器之间进行通信的协议，如超文本协议（HTTP）、文件传输协议（FTP）和邮件传输协议（SMTP）等。

● **服务器**。提供资源的主机地址，可以是IP地址或域名，如上述的"×××××.com"。

● **端口**。服务器提供该资源服务的端口，一般使用默认端口。HTTP服务的默认端口是"80"，通常可以省略。当服务器提供该资源服务的端口不是默认端口时，一定要加上端口才能完成访问。

● **路径**。资源在服务器中的位置，如上述的"item"，它说明访问的资源在服务器根目录的"item"文件夹中。

● **文件**。指具体访问的资源名称，如上述访问的是资源名称为"10021486.htm"的文件。

● **锚点**。指网页文档中的命名锚点，主要用于标记网页的不同位置，可以根据具体要求选择是否添加。打开网页时，若该网页添加了锚点，窗口将直接呈现锚点所在位置的内容。

2. 超链接的类型

超链接的类型主要有以下6种。

● **相对链接**。相对链接是常见的超链接，也称内部链接，它只能链接网站内部的页面或资源。如"ok.html"表示"ok.html"文件和链接所在的页面处于同一个文件夹中，又如"pic/Banner.jpg"表示"Banner.jpg"文件在创建链接的页面所处的"pic"文件夹中。一般来讲，位于网页导航区域的超链接都是相对链接。

● **绝对链接**。与相对链接对应的是绝对链接，绝对链接是一种严格的寻址标准，它包含访问方案、服务器地址、服务端口等。如http://×××××.com/img/Banner.jpg，指通过"http://×××××.com"网站访问内部服务器中"img"文件夹里的"Banner.jpg"文件，因此绝对链接也称为外部链接。一般来说，网页中涉及"友情链接"和"合作伙伴"等的链接都是绝对链接。

● **文件链接**。当浏览器访问的资源是不可识别的文件时，服务器就会通过文件链接，弹出下载窗口，提供该文件的下载服务。运用这一原理，网页设计人员可以在页面中创建文件链接，将其链接到需要提供给用户下载的文件，用户单击该链接就可以下载文件。

● **空链接**。空链接是未指派的链接，不具有跳转页面的功能。空链接一般用于向页面中的对象或文本附加行为。例如，可向空链接附加一个行为，以便当鼠标指针滑过该链接时会显示交换图像或显示绝对定位的元素。空链接的地址统一用"#"表示。

- **电子邮件链接**。电子邮件链接提供快速创建电子邮件的功能，单击电子邮件链接后进入电子邮件的创建向导页面，该页面的最大特点是预先设置好了收件人的邮件地址。
- **锚点链接**。锚点链接用于跳转到指定的页面位置，它适用于网页内容超出窗口高度，需使用滚动条辅助浏览网页的情况。创建锚点链接有两个基本过程，即插入锚点和链接锚点。

3. 超链接的路径

在创建各种超链接时，设置超链接路径是至关重要的，如果链接路径设置不正确，则单击该超链接后不能正确地跳转到目标位置。网页中的超链接路径包括绝对路径、文档相对路径和站点根目录相对路径，下面分别进行介绍。

- **绝对路径**。绝对路径指包括服务器地址在内的完全路径，它常用于链接到其他站点中的内容。绝对路径通常用"http://"表示，例如 http://www.×××.com/cn/support/dreamweaver/contents.html，只要网址不变，不管站点的位置如何变化，通过绝对路径都会准确无误地跳转到目标位置。
- **文档相对路径**。文档相对路径是本地站点链接中常用的链接形式，使用相对路径时无须给出完整的URL，可省略URL的协议，只保留不同的部分，例如 dreamweaver/contents.html。使用相对路径链接的文件之间的相互关系不会发生变化，移动整个文件夹时也不会出现链接错误，因此在移动相应文件夹后不用更新链接或重新设置链接。
- **站点根目录相对路径**。站点根目录相对路径适合创建内部链接，与绝对路径非常相似，只是省略了绝对路径中带有协议的地址部分，且以"/"开始，然后是目录下的目录名，例如 /support/dreamweaver/contents.html。站点根目录相对路径可用于测试本地站点，而不用链接到互联网。

文档相对路径是制作网站时常用的链接形式，它的基本思想是省略当前文档和链接的文档中相同的绝对路径部分，只提供不同的路径部分。假设一个站点的结构如图4-3所示，文档相对路径的设置方式通常有以下4种。

- **同目录**。若要从"contents.html"链接到"hours.html"，可使用相对路径"hours.html"。
- **子目录**。若要从"contents.html"链接到"tips.html"，使用相对路径"resources/tips.html"。每出现一个斜杠"/"，表示目录层次结构向下移动一个级别。
- **父目录**。若要从"contents.html"链接到"index.html"，使用相对路径"../index.html"。两个点和一个斜杠"../"可使目录层次结构向上移动一个级别。

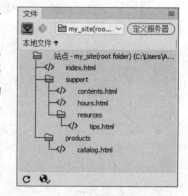

图4-3 网站站点结构

- **父目录的子目录**。若要从"contents.html"链接到
  "catalog.html"，使用相对路径"../products/catalog.html"。其中，"../"指向上移至父目录，而"products/"指向下移至"products"子目录中。

（二）创建超链接

超链接是一个网站的灵魂，制作网页时不仅要知道如何创建超链接，更需要了解超链接路径的真正意义。在Dreamweaver CC 2018中有各种类型的超链接，下面将分别介绍文本、电子邮件、锚点，以及其他超链接的创建方法。

1. 创建文本超链接

在网页中，文本超链接是一种常见的链接类型，它通过将文本作为源端点来创建超链接。在网页中创建文本超链接的方法有多种，下面分别进行介绍。

● **通过菜单命令**。将插入点定位到需要创建文本超链接的位置，选择【插入】/【Hyperlink】菜单命令或在"插入"面板中单击"Hyperlink"按钮 8 Hyperlink，在打开的"Hyperlink"对话框中设置文本、链接、目标、标题等，单击 确定 按钮，如图4-4所示。

● **指向文件**。指向文件是为同一文档中的锚点或其他打开文档中的锚点创建超链接，方法为：选择要创建超链接的文本，然后在HTML"属性"面板中单击"指向文件"按钮⊕，按住鼠标左键将其拖曳到"文件"面板中要链接的目标文件上，然后释放鼠标，如图4-5所示。

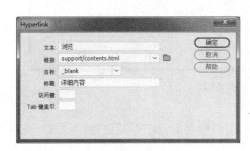

图4-4　插入文本超链接

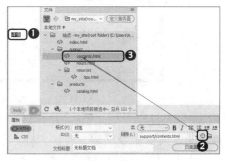

图4-5　指向文件

● **通过"浏览文件"按钮**⊟。选择需要创建超链接的文本，在HTML"属性"面板中单击"浏览文件"按钮⊟，在打开的"选择文件"对话框中选择要链接的目标文件，单击 确定 按钮，如图4-6所示。

● **输入HTML代码**。在代码视图中输入HTML代码创建超链接，如图4-7所示。

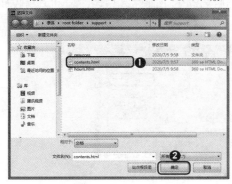

图4-6　选择链接文件

```
<a href="support/contents.html" title="详细内容"
target="_blank">浏览</a>  </p>
```

图4-7　输入代码

在"Hyperlink"对话框的"目标"下拉列表中可以选择超链接的目标对象，单击超链接将跳转到目标对象，在浏览器中以某种目标方式浏览目标对象。一共有5种目标方式可打开浏览器，各目标方式的含义如下。

- **_blank**。将链接的文件载入新的未命名浏览器窗口。
- **_parent**。在上一级浏览窗口中打开，这种方式常用于框架页面。
- **_self**。链接内容出现在应用链接的窗口或框架中，"_self"也是默认选项。
- **_top**。忽略任何一个框架页面，在浏览器的整个窗口中打开。
- **_new**。将链接文件载入一个新窗口。

2. 电子邮件超链接

电子邮件超链接可让访问者启动电子邮件客户端，向指定邮箱发送邮件。单击电子邮件超链接，打开一个新的空白邮件窗口。在邮件窗口中，"收件人"文本框中将自动显示电子邮件超链接中指定的电子邮件地址，如图4-8所示。

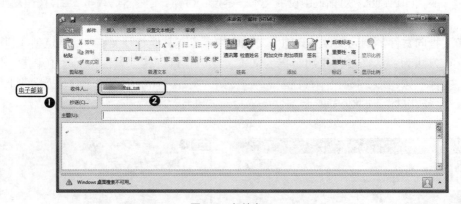

图4-8　邮件窗口

下面介绍创建电子邮件超链接的两种方法。

- **通过菜单命令创建**。将插入点定位到需要创建电子邮件超链接的位置，选择【插入】/【电子邮件链接】菜单命令或在"插入"面板中单击"电子邮件链接"按钮✉ 电子邮件链接，打开"电子邮件链接"对话框，在该对话框中输入链接文本和电子邮件地址，单击 确定 按钮，如图4-9所示。
- **通过HTML代码创建**。在代码视图中的\<body>标签中输入"\<a href="mailto:链接地址">链接内容\</a>"，如"\<a href="mailto:××××@QQ.com>"有意见联系我们哦!\</a>"，表示单击电子邮件超链接后启动电子邮件客户端，自动填写收件人的电子邮件地址。

图4-9　创建电子邮件超链接

3. 锚点超链接

锚点超链接的功能是单击超链接后可跳转到本页面或其他页面的指定位置。锚点超链接的创建分为两步，首先创建锚点，然后链接锚点。

● **创建锚点**。创建锚点是指在文档中设置标记，这些标记通常放在文档的特定位置，通过链接到锚点可快速访问指定的网页。创建锚点的方法为：在设计视图中选择需要插入锚点位置的文本，然后在HTML"属性"面板中设置"ID"为锚点名，图4-10所示的锚点名为"andor"。或在拆分视图中，将插入点定位到要快速访问的锚点位置，然后在代码视图中输入"<a name="锚点名"></a>"，图4-11所示的锚点名为"show"。

图 4-10　通过"ID"创建锚点

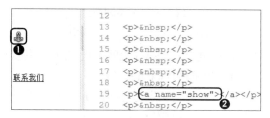

图 4-11　通过代码创建锚点

● **链接锚点**。链接锚点的符号为"#"，引用锚点时，可以在"属性"面板中设置或使用HTML代码链接，方法为：在设计视图中选择链接到锚点的文本，在"属性"面板的"链接"文本框中输入"#锚点名"，如图4-12所示；或者在代码视图中将插入点定位到需要链接的位置，然后输入代码"<a href="#锚点名">链接文本</a>"，图4-13所示的锚点名为"show"。

图 4-12　通过"属性"面板链接锚点

图 4-13　通过代码链接锚点

4. 创建其他超链接

除了上面介绍的超链接外，在网页中还可以创建其他类型的超链接，如空链接、下载超链接和脚本链接。

● **空链接**。在创建空链接时，首先需要选择要创建空链接的文本或图像，然后在"属性"面板的"链接"文本框中输入"#"符号。空链接常用于实现从同一网页中底部跳转到顶部，或"设为首页"和"收藏本站"等功能。

● **下载超链接**。在网页中，下载超链接并没有采用特殊的链接方式，与其他的超链接相同，只是链接的对象不是网页而是单独的文件。在单击浏览器中无法显示的链接文件时，会自动打开"新建下载任务"对话框，如图4-14所示。一般扩展名为.gif、.jpg的图像文件或.txt的文本文件都可以在浏览器中直接显示。但一些压缩文件（扩展名为.zip、.rar等）或可执行文件（扩展名为.exe）不能显示。创建下载超链接的方法与其他超链接一样，在设计视图中选择需要创建链接的文本，然后在"属性"面板的"链接"文本框中输入或选择下载文件的相对路径即可，如图4-15所示。

● **脚本链接**。脚本链接可用于执行 JavaScript 代码或调用 JavaScript 函数。脚本链接非常有用，能够在不离开当前网页的情况下为用户提供有关某项的附加信息。脚本链接还可用于在用户单击某一特定项时，执行计算、验证表单和完成其他处理任务。

图 4-14　下载链接　　　　　　　　　图 4-15　创建下载链接

（三）设置链接文本属性

网页中链接文本的显示状态与普通文本有所不同，实现超链接文本的<a>标签有4个伪类，设置链接文本属性也就是设置这4个伪类的CSS样式。

1. 超链接代码<a>标签

<a> 标签是实现超链接的 HTML 代码，主要用于定义超链接，其语法格式为：< a href=" 地址 "> 超链接对象 </a>。其中"href"是 <a> 标签最重要的一个属性，它用于指定链接的目标，如果没有该属性，就不能使用 "target""type" 等属性。

<a> 标签主要通过 4 个伪类定义超链接在不同状态下的 CSS 样式，如图 4-16 所示。这 4 个伪类的具体用途如下。

● a:link。用于定义超链接在正常情况下的样式，默认超链接对象是蓝色，有下划线。
● a:visited。用于定义超链接被访问过后的样式，默认超链接对象是紫色，有下划线。
● a:hover。用于定义鼠标指针悬停在超链接上的样式，默认超链接对象是蓝色，有下划线。
● a:active。用于定义单击超链接时的样式，默认超链接对象是红色的，有下划线。

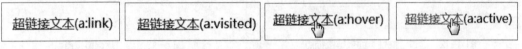

图 4-16　<a> 标签伪类的 CSS 样式

2. 设置伪类的CSS样式

用户可以在"页面属性"对话框中设置伪类的 CSS 样式，方法为：在"属性"面板中单击 页面属性 按钮，在打开的"页面属性"对话框中选择"链接（CSS）"选项卡，在其中进行设置，如图 4-17 所示。

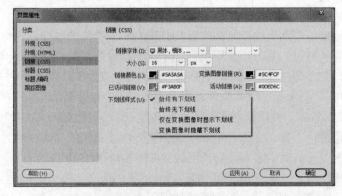

图 4-17　设置"链接（CSS）"选项卡

三、任务实施

（一）插入文本超链接

微课视频

插入文本超链接

下面打开"show.html"网页文档，在网页中插入文本超链接，具体操作如下。

（1）启动Dreamweaver CC 2018，打开"show.html"文档，在设计视图中选择"商品展示"文本，然后在HTML"属性"面板中单击 📁 按钮，如图4-18所示。

（2）在打开的"选择文件"对话框的"选择"下拉列表中选择文件所在路径，在文件列表框中选择"commodit.html"文件，单击 确定 按钮关闭对话框，如图4-19所示。

图4-18 选择文本

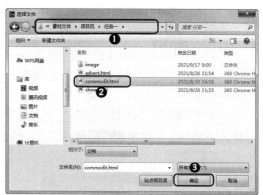

图4-19 选择文件

（3）为"商品展示"文本创建超链接，此时该文本显示为蓝色，且有下划线，如图4-20所示。

图4-20 为"商品展示"创建超链接

（4）选择"关于我们"文本，在HTML"属性"面板中设置"链接"为"show.html"，在"目标"下拉列表中选择"_blank"选项，如图4-21所示。

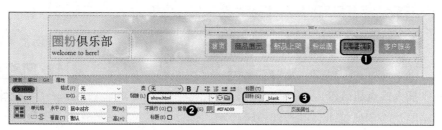

图4-21 为"关于我们"创建超链接

（5）选择"新品上架"文本，在HTML"属性"面板中设置"链接"为"advert.html"，在"目标"下拉列表中选择"new"选项，如图4-22所示。

图4-22　为"新品上架"创建超链接

（二）设置超链接的CSS样式

（一）中创建的文本超链接是默认样式，可以通过设置"链接（CSS）"样式来美化文本超链接，具体操作如下。

（1）在"属性"面板中单击 页面属性... 按钮，在打开的"页面属性"对话框的"链接（CSS）"选项卡中设置"链接颜色""变换图像链接""已访问链接""活动链接""下划线样式"分别为"#FFFFFF""#E1D7D7""#C9FF83""#0DED6C""始终无下划线"，单击 应用(A) 按钮应用超链接的CSS样式，如图4-23所示。

（2）单击 确定 按钮关闭对话框，设置完成后的效果如图4-24所示。

设置超链接的CSS样式

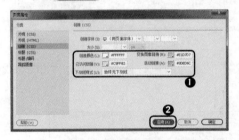

图4-23　设置"链接（CSS）"样式

图4-24　设置CSS样式后的超链接效果

> **知识提示**
>
> ### 多样式超链接
>
> 设置"链接（CSS）"样式，可统一整个网页的超链接文本颜色。但实际上超链接文本样式是多样化的，若要在网页中创建不同的超链接文本样式，可以通过CSS应用不同的CSS样式，具体创建方法将在项目六讲解。

（3）切换到实时视图，单击这些超链接文本，可查看完成后的效果，如图4-25所示。

图4-25　预览超链接效果

（三）插入锚点超链接

下面在网页中创建锚点，并创建超链接访问这些锚点，具体操作如下。

插入锚点超链接

（1）切换到设计视图，选择"网站简介"文本，然后在HTML"属性"面板的"ID"文本框中输入"sw"，创建锚点，如图4-26所示。使用相同的方法分别设置"商务商品""网站定位""发展前景""大事记"的"ID"为"pr""dw""qj""ds"。

图4-26　创建锚点

（2）将插入点定位到"网站简介"文本下面的空单元格中，输入需要设置超链接的文本，然后在HTML"属性"面板中分别设置"格式""背景颜色"为"标题3""#C9FF83"，完成后的效果如图4-27所示。

图4-27　输入需要设置超链接的文本并设置其属性

（3）选择"网站简介"文本，在HTML"属性"面板的"链接"文本框中输入"#sw"，将"网站简介"创建为链接到锚点"sw"的锚点超链接，完成效果如图4-28所示。

图4-28　创建"网站简介"文本锚点超链接

（4）使用相同的方法分别为"商务商品""网站定位""发展前景""大事记""回顶"添加超链接"#pr""#dw""#qj""#ds""#"，完成后的效果如图4-29所示。

图4-29　创建其他文本锚点超链接

（5）完成制作后，在浏览器中预览锚点超链接的效果，如图4-30所示。

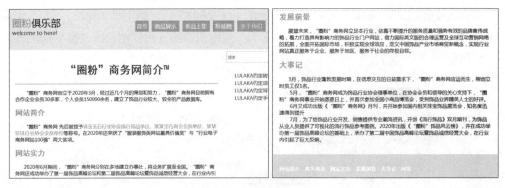

图4-30　完成后的效果

任务二　为"圈粉"产品图像页面创建图像超链接

本任务主要是为"圈粉"产品图像页面创建图像超链接，用户通过单击图像的方式浏览商品详情，下面具体讲解。

高清彩图

为"圈粉"产品图像
页面创建图像超链接

一、任务目标

为"圈粉"产品图像页面插入图像，然后为插入的图像创建超链接，并在展示的图像中使用图像地图创建交互式热点，使用户能够方便地在单击图像或图像中的某个区域后，跳转到指定的网页。本任务制作完成后的最终效果如图4-31所示。

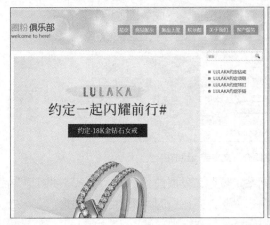

图4-31　为"圈粉"产品图像页面创建图像超链接

素材所在位置　素材文件\项目四\任务二\image\、commodit.html、product.html

效果所在位置　效果文件\项目四\任务二\commodit.html、product.html

二、相关知识

在网页制作时，通常会为网页上的某些图像添加超链接。当用户单击该图像超链接后，浏览器将立即跳转到该超链接指向的网页或文件。下面讲解直接添加超链接的方法，然后讲解图像地图，最后讲解管理超链接的方法。

（一）直接添加超链接

在Dreamweaver CC 2018中为图像添加超链接与创建文本超链接的方法基本相同，方法为：在设计视图中选择需添加超链接的图像，然后在"属性"面板中的"链接"文本框中输入要跳转的网页地址，如图4-32所示。

图4-32　为图像添加超链接

（二）图像地图

图像地图指已被分为多个热点区域的图像。当用户单击某个热点区域时，会发生某种动作（如打开一个新文件）。图像地图可以分为客户端图像地图和服务器端图像地图两种，在Dreamweaver CC 2018中通常选择创建客户端图像地图。因为客户端图像地图是将超文本链接信息存储在网页文档中，而服务器端图像地图。存储在单独的地图文件中，当用户单击图像中的热点区域时，服务器会将单击链接的位置与图像地图数据做比较，若两者相符，服务器才会加载相应的链接。因而客户端图像地图的访问速度比服务器端图像地图的访问速度快。

1. 创建图像地图热点

在创建图像地图热点时，先选择要创建地图热点的图像，再在"属性"面板中选择不同形状的热点工具，在绘制图像热点区域后，在"属性"面板中设置"链接"和"目标"即可，如图4-33所示。

图4-33　创建图像地图热点

"属性"面板中不同的热点工具功能也不相同，下面分别进行介绍。

- **指针热点工具**。用于操作热点，如选择、移动和调整图像热点区域等。
- **矩形热点工具**。用于创建规则的矩形热点区域，选择该工具后，将鼠标指针移动到选中图像上要创建矩形热点区域的左上角位置，按住鼠标左键不放，向右下角拖曳覆盖整个热点区域后释放鼠标即可。
- **圆形热点工具**。用于绘制圆形热点区域，其使用方法与"矩形热点工具"的使用方法相同，如图4-34所示。

- **多边形热点工具**。用于绘制不规则的热点区域，选择该工具后，将鼠标指针定位到选择图像上要绘制热点区域的某一位置处单击，然后将鼠标指针定位到另一位置后再单击，定位热点区域的各关键点，最后回到第一个关键点上单击，以形成一个封闭的区域，完成多边形热点区域的绘制，如图4-35所示。

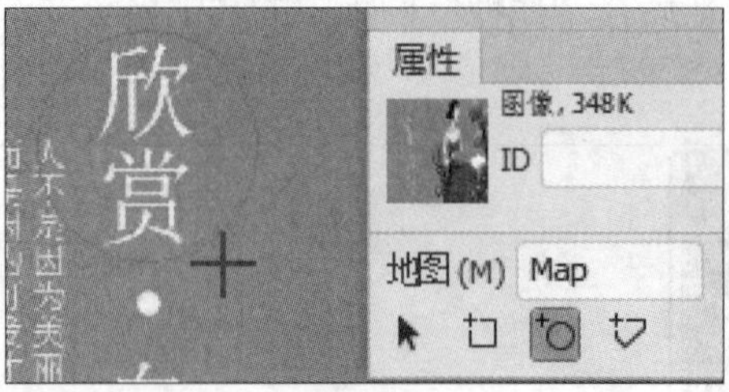

图4-34 绘制圆形热点区域

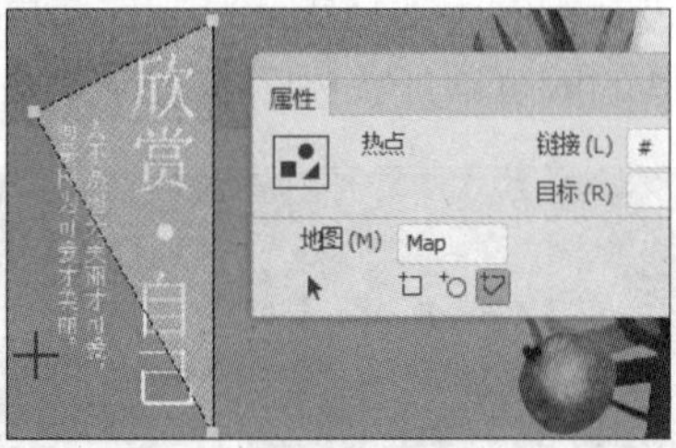

图4-35 绘制多边形热点区域

2. 编辑图像地图热点

对于图像地图中创建的热点，可以进行移动热点区域、调整热点大小，或者在绝对定位的元素（AP元素）中前后移动热点等编辑操作。还可以将含有热点的图像从一个文档复制到其他文档，或者复制某图像中的一个或多个热点，然后将其粘贴到其他图像上。下面介绍选择多个热点、移动热点、调整热点和删除热点的操作。

- **选择多个热点**。使用“指针热点工具”选择一个热点，然后按住【Shift】键不放选择其他热点，或按【Ctrl+A】组合键选择所有热点，如图4-36所示。
- **移动热点**。使用“指针热点工具”选择热点，然后将热点拖曳到新位置，或按方向键以每次移动1像素的方式移动热点，也可以在按住【Ctrl】键的同时按方向键以每次移动10像素的方式移动热点。
- **调整热点**。选择“指针热点工具”，将鼠标指针移动到热点选择器手柄上，当鼠标指针变为时，按住鼠标左键拖曳鼠标调整热点大小或形状，如图4-37所示。
- **删除热点**。使用“指针热点工具”选择要删除的热点，按【Delete】键即可完成删除热点操作。

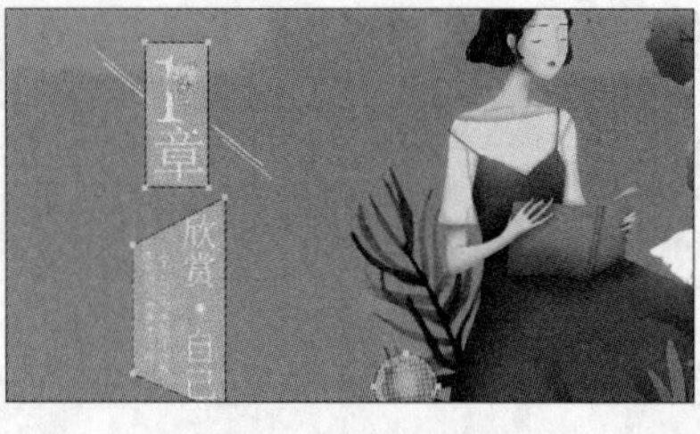

图4-36 选择多个热点

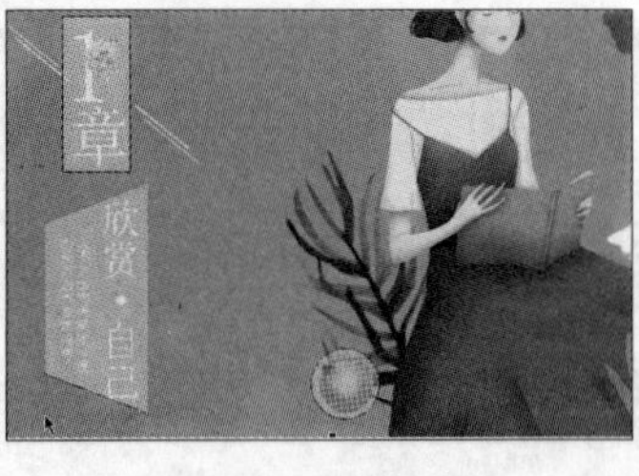

图4-37 调整热点

（三）管理超链接

一个网页中通常包含多个超链接，不同超链接对应不同的网页位置，为了使用户在浏览网页时更加顺畅，还需要管理这些超链接，如检查超链接、修复超链接、自动更新超链接、在站点范围内更改超链接等。

1. 检查超链接

一个站点中通常包括多个页面，每个页面中又包含许多超链接。当页面中的超链接很多时，可通过检查超链接的方法来检查页面链接是否存在问题，方法为：选择【站点】/【站点选项】/【检查站点范围的链接】菜单命令，Dreamweaver CC 2018 将自动打开"链接检查器"面板，检查页面中是否存在有问题的超链接。在图 4-38 中可以看到，20 个超链接中有一个链接到"catalog.html"的超链接存在"断掉"问题。

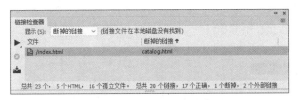

图4-38　检查超链接

2. 修复超链接

得到链接报告之后，可直接在"链接检查器"面板中修复超链接，也可以打开文件，在"属性"面板中修复超链接，方法为：在"链接检测器"对话框中选择断掉链接的文件，单击鼠标右键，在弹出的快捷菜单中选择【打开文件】命令，找到断掉链接的目标对象，然后在"属性"面板中重新输入正确的链接，如图 4-39 所示。

图4-39　修复超链接

3. 自动更新超链接

如果本地站点内的文件发生移动或重命名时，可通过Dreamweaver CC 2018设置自动更新超链接，方法为：选择【编辑】/【首选项】菜单命令，打开"首选项"对话框，选择"常规"选项卡，在右侧的"移动文件时更新链接"下拉列表中选择"提示"选项，单击 应用 按钮，如图4-40所示。"移动文件时更新链接"下拉列表中各个选项的含义如下。

- **总是。**每当用户移动或重命名选定的文档时，自动更新并指向该文档的所有链接。
- **从不。**当用户移动或重命名选定的文档时，不自动更新并指向该文档的所有链接。
- **提示。**显示一个对话框，其中列出用户移动或重命名选定的文档时将影响到的所有文件；单击 更新(U) 按钮可更新这些文件中的链接，单击 不更新(D) 按钮将保留原文件的链接不变。

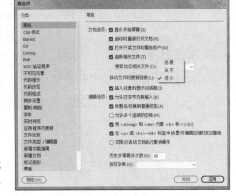

图4-40　"首选项"对话框

4. 在站点范围内更改超链接

当需要修改（如移动、重命名等）包含超链接的页面时，可手动更改所有链接(包括电子邮件链接、FTP 链接、空链接、脚本链接等），让这些链接指向其他位置，方法为：在"文件"面板中选择需要更改的网页，选择【站点】/【站点选项】/【改变站点范围的链接】菜单命令，打开"更改整个站点链接"对话框，在"变成新链接"文本框中输入需要更改的链接，单击 确定 按钮，在打开的"更新文件"对话框中单击 更新(U) 按钮，如图4-41所示。

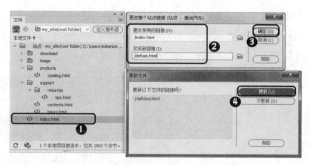

图4-41　更改超链接

三、任务实施

（一）插入图像超链接

打开"commodit.html"网页文档，先插入图像，然后为图像创建超链接，具体操作如下。

微课视频

插入图像超链接

（1）启动Dreamweaver CC 2018，打开"commodit.html"网页文档。

（2）在设计视图中选择"crd3.jpg"文件，在"属性"面板的"链接"文本框中输入"product.html"，为图像创建超链接，如图4-42所示。

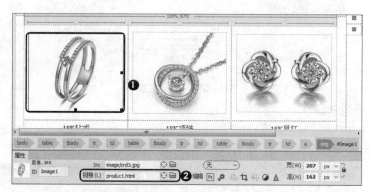

图4-42　为"crd3.jpg"图像创建超链接

（3）选择其他两个图像，使用与第（2）步相同的方法分别为图像创建链接到"product.html"的超链接，如图4-43所示。

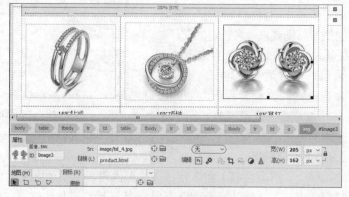

图4-43　为其他图像创建超链接

（4）将插入点定位到图像上方的空白单元格中，然后选择【插入】/【Image】菜单命令，在打开的"选择图像源文件"对话框中选择"crd5.jpg"文件，单击 确定 按钮将图像插入插入点位置，如图4-44所示。

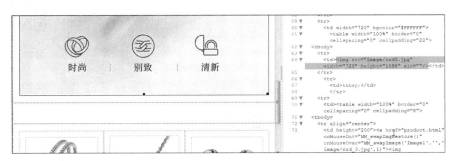

图4-44　插入图像

（二）绘制地图热点

在图像上绘制地图热点，具体操作如下。

微课视频

绘制地图热点

（1）在设计视图中选择插入的"crd5.jpg"文件，在"属性"面板的地图区域选择"圆形热点工具" ，将鼠标指针移动到需要绘制热点区域的左上角，然后按住鼠标左键向右下角拖曳绘制出热点，在"属性"面板中的"链接"文本框中输入"product.html#ss"，如图4-45所示。

（2）使用与第（1）步相同的方法再绘制两个圆形地图热点，然后分别设置其"链接"为"product.html#bz""product.html#qx"，如图4-46所示。

图4-45　绘制圆形地图热点

图4-46　绘制其他地图热点

（3）选择"多边形热点工具" ，将鼠标指针移动到图像左上角位置单击，然后移动到右下角位置单击，用相同的方法依次绘制其他两个图像的多边形热点，再在"属性"面板中的"链接"文本框中输入"product.html"，如图4-47所示。

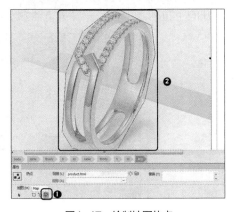

图4-47　绘制地图热点

81

（三）定义锚点

在"product.html"网页文档中为地图热点链接定义对应的锚点，具体操作如下。

微课视频
定义锚点

（1）打开"product.html"网页文档，在设计视图中选择"crd5.jpg"文件，在"属性"面板的"ID"文本框中输入"ss"，将其定义为锚点，如图4-48所示。

图4-48 定义锚点

（2）使用相同的方法，设置"crd7.jpg"文件的"ID"为"bz"，设置"crd11.jpg"文件的"ID"为"qx"，将它们定义为锚点，如图4-49所示。

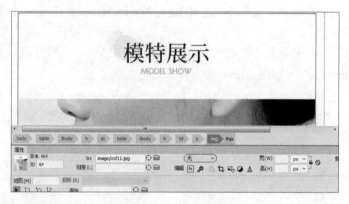

图4-49 定义其他锚点

（3）切换到"commodit.html"网页文档窗口，在状态栏中单击"实时预览"按钮，在打开的下拉列表中选择一种浏览器预览网页效果，如图4-50所示。

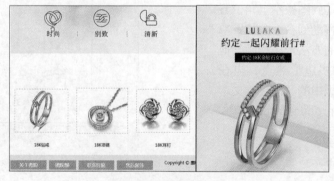

图4-50 预览网页效果

实训一 为"爱尚汽车"车友会活动页面创建超链接

高清彩图

"爱尚汽车"车友会
活动页面

【实训要求】

为"爱尚汽车"车友会活动页面创建超链接，以熟练掌握为网页创建超链接的方法。

【实训思路】

在打开的网页中为导航文本"美图"创建超链接，并为活动内容文本创建锚点超链接。参考效果如图4-51所示。

 素材所在位置 素材文件\项目四\实训一\image\、advert.html、carpit.html
效果所在位置 效果文件\项目四\实训一\advert.html

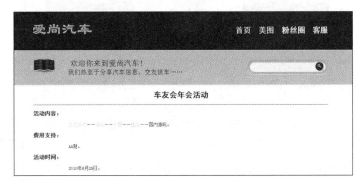

图4-51 "爱尚汽车"车友会活动页面

【步骤提示】

（1）在Dreamwearver CC 2018中打开"advert.html"网页文档，为导航文本"美图"创建链接到"carpic.html"的超链接。

（2）将插入点定位到"3.互动游戏"的"3"之后，在代码视图中插入代码<a name="game"></a>，并在此处命名锚点。

微课视频

为"爱尚汽车"车友会
活动页面创建超链接

（3）使用相同的方法在"颁奖"处命名锚点"bj"，在"吃午饭"处命名锚点"wc"，在"抽奖"处命名锚点"cj"。

（4）在设计视图中分别为活动内容文本创建锚点链接。

（5）在"页面属性"对话框的"链接（CSS）"选项卡中分别设置"链接颜色""变换图像链接""已访问链接""活动链接""下划线样式"为"#C9FF83""#F3AB0F""#66498A""#0DED6C""始终无下划线"。

实训二 为"爱尚汽车"新车展页面创建超链接

【实训要求】

为"爱尚汽车"新车展页面创建超链接，并将超链接链接到详情网页，使详情网页成为网站中关联的网页。

【实训思路】

先打开网页文档，然后分别为文本和图像创建超链接，完成后的效果如图4-52所示。

高清彩图

"爱尚汽车"新车展页面

素材所在位置	素材文件\项目四\实训二\image\、carpic.html
效果所在位置	效果文件\项目四\实训二\carpic.html

图4-52 "爱尚汽车"新车展页面

【步骤提示】

（1）在Dreamwearver CC 2018中打开"carpic.html"网页文档，为"美图"文本创建链接到"carpic.html"的超链接。

（2）为"浏览"文本创建链接到"pictrue.html"的超链接。

（3）为图像创建链接到"picture.html"的超链接。

微课视频

为"爱尚汽车"新车展页面创建超链接

常见疑难解析

问 热点超链接和图像超链接有什么区别？

答 热点超链接通常建立在图像上，类似于一个新建的浮动层，且采用绝对定位的方式进行展现，但由于显示器的分辨率不同，热点超链接的位置可能会不同。图像超链接是一个整体，超链接的位置不会因显示器的分辨率不同而发生变化。

问 若要链接其他页面的锚点应该如何操作？

答 如果链接指向其他页面的锚点，需要在引用锚点时，添加锚点所在网页的名称或路径，如<a href="index.html#center"></a>，表示引用"index.html"网页上的锚点"center"。

拓展知识——将网页设置为浏览器首页

将网页设置为浏览器首页主要通过脚本代码实现。例如，设置"http://www.jnw.net/"为首页，需要插入"设为首页"的空链接文本，在代码"#"右侧单击定位插入点，然后输入空格，再输入"设为首页"的脚本代码"onClick="this.style.behavior='url(#default#homepage)';

this.setHomePage('http://www.jnw.net/')""。

课后练习

（1）为"蓉锦大学"制作学校概况页面，独立完成在Dreamweaver CC 2018中创建文本超链接的操作，参考效果如图4-53所示。

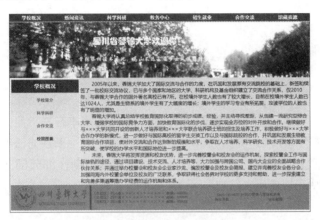

"蓉锦大学"学校概况页面

图4-53 "蓉锦大学"学校概况页面

素材所在位置 素材文件\项目四\练习一\img\、xxjj.html
效果所在位置 效果文件\项目四\练习一\xxjj.html、hzjl.html

（2）制作"蓉锦大学"图片展示页面，练习在网页中为图片创建超链接的操作，参考效果如图4-54所示。

"蓉锦大学"图片展示页面

图4-54 "蓉锦大学"图片展示页面

素材所在位置 素材文件\项目四\练习二\img\、xpic.html
效果所在位置 效果文件\项目四\练习二\xpic.html

项目五
使用表格布局网页

情景导入

　　看了米拉制作的网页，老洪说："前面已经讲了网页制作的基本方法，但你制作出来的网页非常凌乱，这样不利于用户浏览。"米拉问道："那有什么解决方法呢？"老洪告诉米拉，在制作网页前，需要先对页面进行布局，然后再制作细节部分，在Dreamweaver CC 2018中可以使用表格布局网页和显示网页数据。

学习目标

● 掌握使用表格布局网页的方法 　　如插入表格、选择表格、合并和拆分单元格等。	● 掌握使用表格显示网页数据 　　如表格式数据的导入，表格数据的排序，复制、粘贴和删除单元格等。

案例展示

▲ "圈粉"商品展示页面

▲ "商品销售"记录网页

任务一　布局"圈粉"商品展示页面

表格在实际工作中多用来统计数据，但在网页制作中，表格通常用于布局页面。使用表格不仅可以精确定位网页元素的位置，还可以简化页面设计过程。

一、任务目标

使用表格布局"圈粉"商品展示页面，在布局前先在空白网页中插入表格，并根据要求编辑表格，最后在表格中插入相应内容。通过本任务的学习可掌握在Dreamweaver CC 2018中使用表格布局页面的方法。本任务制作完成后的效果如图5-1所示。

高清彩图

"圈粉"商品展示页面效果

素材所在位置	素材文件\项目五\任务一\image\
效果所在位置	效果文件\项目五\任务一\product.html

图5-1　"圈粉"商品展示页面效果

二、相关知识

本任务制作过程中涉及表格和单元格，在布局页面前需要先认识表格和单元格的"属性"面板，然后插入、选择表格，并对单元格进行编辑。

（一）认识表格"属性"面板

表格"属性"面板主要用于设置表格的属性，在制作表格前需要先选择整个表格（table），然后在"属性"面板中设置表格参数，如图5-2所示。

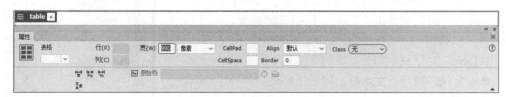

图5-2　表格"属性"面板

表格"属性"面板部分选项的含义如下。

● **"行"和"列"文本框**。用于设置表格的行数和列数。

- "宽"文本框。用于设置表格的宽度,在其后的下拉列表中可选择宽度单位,包括"像素"和"百分比"两种。
- "CellPad"文本框。用于设置单元格边界和单元格内容之间的距离。
- "CellSpace"文本框。用于设置相邻单元格之间的距离。
- "Align"下拉列表框。用于设置表格与其他网页元素之间的对齐方式。
- "Border"文本框。用于设置边框的粗细。

（二）认识单元格"属性"面板

设置单元格属性时，先选择单元格（td）或将插入点定位到该单元格中（也可按住【Ctrl】键并选择多个单元格），然后在单元格"属性"面板中对单元格相关选项进行设置，如图5-3所示。

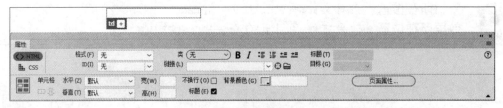

图5-3　单元格"属性"面板

单元格"属性"面板部分选项的含义如下。

- "水平"下拉列表框。用于设置单元格中的内容在水平方向上的对齐方式。
- "垂直"下拉列表框。用于设置单元格中的内容在垂直方向上的对齐方式。
- "宽"文本框。用于设置单元格的宽度，与设置表格宽度的方法相同。
- "高"文本框。用于设置单元格的高度。
- "不换行"复选框。选中该复选框可防止文本换行，使单元格中的所有文本都在同一行中。
- "标题"复选框。选中该复选框可将单元格的格式设置为表格标题单元格，默认情况下，这种表格标题单元格的内容为粗体并且居中显示。
- "背景颜色"文本框。用于设置单元格的背景颜色。

（三）插入表格并添加内容

Dreamweaver CC 2018的表格功能强大，用户可以快速、方便地创建表格。通常可以使用对话框或HTML代码来插入新表格，然后按照在表格中添加文本和图像的方式添加内容。

1. 通过对话框插入表格

通过对话框在页面中直接插入表格的方法为：将插入点定位到要插入表格的位置,选择【插入】/【Table】菜单命令，或在"插入"面板中单击"Table"按钮，在打开的"Table"对话框中设置相应的选项，如图5-4所示。

"Table"对话框中相关选项的含义如下。

- "行数"和"列"文本框。用于指定表格的行数和列数。
- "表格宽度"文本框。用于指定表格宽度，常用单位为"像素"和"百分比"。
- "边框粗细"文本框。用于指定表格的边框粗细，如

图5-4　"Table"对话框

果不显示边框，可以输入 0，常用单位为像素。

- "单元格边距"文本框。用于指定单元格中的内容与单元格边框的间距，不设置具体值时，默认为 1 像素。
- "单元格间距"文本框。用于指定单元格边框与单元格边框的间距，默认为 2 像素。
- "标题"选项组。用于指定一行或一列单元格作为表头时所需的样式。
- "辅助功能"选项组。辅助功能中包括"标题"和"摘要"两项，其中"标题"文本框用于输入表格标题的内容，而"摘要"文本框则用于输入表格的相关说明。

多学一招

设置单元格参数

如果没有明确指定表格"边框粗细""单元格间距""单元格边距"的值，则大多数浏览器都将以表格"边框粗细"和"单元格边距"为 1 像素、"单元格间距"为 2 像素来显示表格。若要确保浏览器显示表格时不显示边距或间距，可将"单元格边距"和"单元格间距"设置为 0 像素。

2. 使用HTML代码插入表格

用户可以使用 HTML 代码插入表格，只需切换到代码视图或拆分视图中，将插入点定位到需要插入表格的位置，直接输入图 5-5 所示的代码，即可快速插入一个 3 行 3 列的表格，如图 5-6 所示。

图5-5　插入表格代码

图5-6　使用代码插入表格

3. 表格的嵌套

表格的嵌套是在单元格中再插入表格，方法与在空白位置插入表格方法相同，具体为：将插入点定位到要插入表格的单元格中，选择【插入】/【Table】菜单命令或在"插入"面板中单击"Table"按钮，在打开的"Table"对话框中进行设置。图5-7所示为在第3行第1列的单元格中插入一个2行3列的表格的效果。

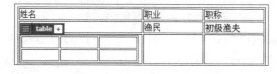

图5-7　在单元格中插入表格

4. 在表格中添加内容

表格创建完成后，即可在其中添加文本、图像、背景图像和Flash动画等内容，方法为：将插入点定位到需要添加内容的单元格中，或在代码视图中将插入点定位到<td>标签中，然后输入文本或插入图像等网页元素，或输入相关代码，如图5-8所示。

图5-8　在表格中添加内容

（四）选择表格或单元格

对表格进行操作前，必须选择要操作的表格或单元格。在选择表格时，可以一次选择整个表格、某行或某列，也可以选择一个或多个单元格。下面将对表格及单元格的选择方法进行介绍。

1. 选择整个表格

在Dreamweaver CC 2018中选择表格相对简单，而且有多种方法，用户可任选一种方法进行操作，下面分别介绍选择整个表格的方法。

- **右键菜单**。将鼠标指针移动到需要选择的表格上，单击鼠标右键，在弹出的快捷菜单中选择【选择父标签】命令，重复操作直到显示<table>标签为止。
- **直接选择**。将鼠指针标移动到表格中，当鼠标指针变为⤢、⇕或⬌后，直接单击。
- **使用菜单命令**。将插入点定位到单元格中，选择【修改】/【表格】/【选择表格】菜单命令。
- **使用按钮**。直接将插入点定位到单元格中，单击"显示宽度"按钮 75% (802)▾ ，在打开的下拉列表中选择"选择表格"选项，如图5-9所示。

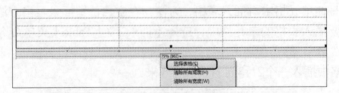

图5-9　通过按钮选择表格

- 在"DOM"面板中选择。在"DOM"面板中直接选择<table>标签，如图5-10所示。

图5-10　通过"DOM"面板选择表格

● **使用代码**。在拆分视图中直接将插入点定位到<table>标签中，如图5-11所示。

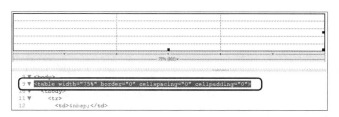

图5-11　通过代码选择表格

2. 选择行和列

选择表格的行和列的方法如下。

● **选择行**。将鼠标指针移动到需要选择的行的左侧，当鼠标指针变为➡，且该行的边框线变为红色时，单击即可选择该行，如图 5-12 所示。

图5-12　选择行

● **选择列**。将鼠标指针移到需要选择的列的上方，当鼠标指针变为↓，且该列的边框线变为红色时，单击即可选择该列，如图 5-13 所示。

图5-13　选择列

3. 选择单元格

同选择表格一样，选择单元格的方法也较多，可分为选择单个单元格、选择多个连续的单元格和选择多个不连续的单元格 3 种。

● **选择单个单元格**。选择单个单元格只需直接将插入点定位到需要选择的单元格中。
● **选择多个连续的单元格**。直接按住鼠标左键在表格中拖曳选择连续的多个单元格，或在选择一个单元格后，按住【Shift】键，单击连续的最后一个单元格，如图5-14所示。
● **选择多个不连续的单元格**。按住【Ctrl】键单击需要选择的不连续的单元格，如图5-15所示。

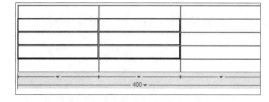

图5-14　选择多个连续的单元格

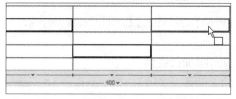

图5-15　选择多个不连续的单元格

（五）合并和拆分单元格

若选择的单元格是相邻的单元格，则可对单元格进行合并，使其生成一个跨多个列或行的单元格。此外，也可以将单元格拆分成任意数目行或列的单元格。下面对合并单元格和拆分单元格的方法进行介绍。

1. 合并单元格

合并单元格的方法有以下3种。

- **使用菜单命令。**选择要合并的单元格区域，选择【编辑】/【表格】/【合并单元格】菜单命令对选择的单元格进行合并，效果如图5-16所示。
- **使用右键菜单。**选择要合并的单元格区域并单击鼠标右键，在弹出的快捷菜单中选择【表格】/【合并单元格】命令。
- **使用"属性"面板。**选择要合并的单元格区域，在"属性"面板中单击"合并所选单元格"按钮 □。

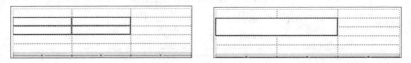

图5-16　合并单元格

2. 拆分单元格

拆分单元格是指将一个单元格拆分为多个单元格。拆分单元格的方法与合并单元格的方法相似，在选择拆分命令后，打开"拆分单元格"对话框，在其中设置拆分行数和列数，最后单击 确定 按钮确认操作。拆分单元格的方法有以下3种。

- **使用菜单命令。**选择要拆分的单元格，选择【编辑】/【表格】/【拆分单元格】菜单命令，打开"拆分单元格"对话框进行单元格拆分操作。
- **使用右键菜单。**选择要拆分的单元格并单击鼠标右键，在弹出的快捷菜单中选择【表格】/【拆分单元格】命令，打开"拆分单元格"对话框进行单元格拆分操作。
- **使用属性面板。**选择要拆分的单元格，在"属性"面板中单击"拆分单元格为行或列"按钮 芈，在打开的"拆分单元格"对话框中进行设置，然后单击 确定 按钮，如图5-17所示。

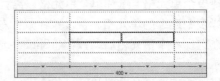

图5-17　拆分单元格

（六）添加和删除行或列

在操作表格的过程中可能需要添加一些行、列，或者删除一些行、列，下面分别进行介绍。

1. 添加行或列

添加行或列的方法主要有以下3种。

- **使用菜单命令。**将插入点定位到相应的单元格中，选择【编辑】/【表格】/【插入行】或【插入列】菜单命令，可在当前选择单元格上方或左侧添加一行或一列。
- **使用右键菜单。**将插入点定位到相应的单元格中，单击鼠标右键，在弹出的快捷菜单中选择【表格】/【插入行】或【插入列】命令，可实现单行或单列的插入。

- **使用对话框。**将插入点定位到相应的单元格中，单击鼠标右键，在弹出的快捷菜单中选择【表格】/【插入行或列】命令，在打开的“插入行或列”对话框中选中“行”或“列”单选按钮，再设置插入的行数或列数及位置，单击 确定 按钮，如图 5-18 所示。

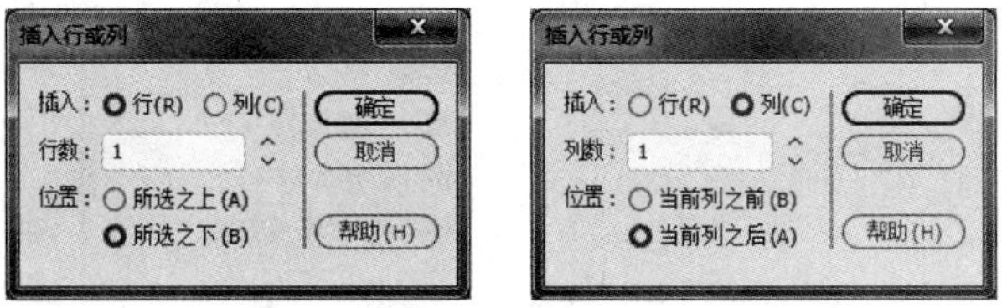

图 5-18 “插入行或列”对话框

2. 删除行或列

表格中不能删除单独的单元格，但可以删除整行或整列单元格，方法有以下两种。

- **使用菜单命令。**将插入点定位到要删除的行或列所在的单元格，选择【编辑】/【表格】/【删除行】或【删除列】菜单命令。
- **使用右键菜单。**将插入点定位到要删除的行或列所在的单元格，单击鼠标右键，在弹出的快捷菜单中选择【表格】/【删除行】或【删除列】命令。

（七）调整和清除表格

编辑表格时还可调整表格和单元格的大小。在调整整个表格的大小时，表格中的所有单元格将按比例调整大小。若对表格的大小不满意，可先清除表格的相关设置，然后重新设置表格的宽度和高度。

1. 调整表格大小

选择需要调整大小的表格，将鼠标指针移动至表格右侧，当鼠标指针变为⇔或⫲时，按住鼠标左键拖曳即可调整表格的大小，如图 5-19 所示。将插入点定位到单元格中并移动鼠标指针，当移动到表格行或列的相交处时，鼠标指针将变为÷或⫲，按住鼠标左键拖曳可调整单元格的大小，如图 5-20 所示。

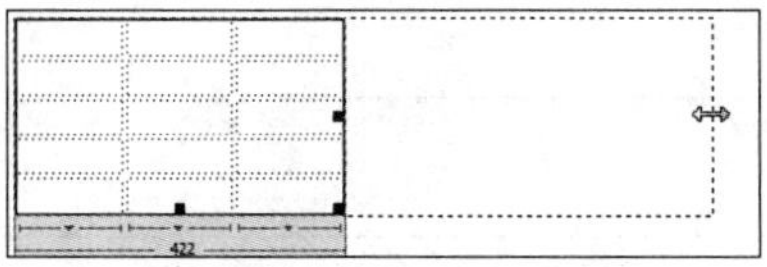

图 5-19 调整表格大小

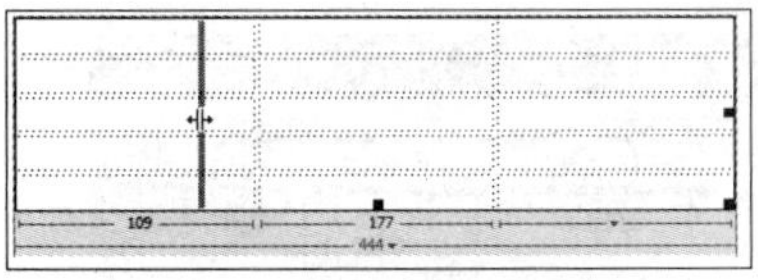

图 5-20 调整单元格大小

2. 清除表格中设置的宽度和高度

选择表格，执行以下操作之一即可清除表格的宽度或高度。

- **使用菜单命令。**选择【编辑】/【表格】/【清除单元格宽度】或【清除单元格高度】菜单命令。
- **使用右键菜单。**在表格“属性”面板中单击“清除列宽”按钮或“清除列高”按钮。
- **使用菜单命令。**单击表格标题按钮 980，在打开的下拉列表中选择“清除所有高度”选项或“清除所有宽度”选项，如图 5-21 所示。

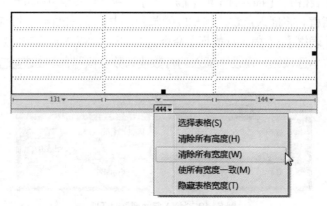

图5-21　清除表格中设置的高度和宽度

三、任务实施

（一）创建表格

下面新建一个HTML5空白文档，并在文档中创建表格，具体操作如下。

（1）在Dreamweaver CC 2018中新建一个HTML5空白文档，并保存为"product.html"。

（2）将插入点定位到页面中，然后在"插入"面板中单击"Table"按钮田 Table，在打开的"Table"对话框中分别设置"行数""列""表格宽度""边框粗细""单元格边距""单元格间距"为"3""2""980像素""0""0""0"，单击 确定 按钮新建表格，如图5-22所示。

（3）选择表格的第1行，单击鼠标右键，在弹出的快捷菜单中选择【表格】/【合并单元格】命令，将第1行合并为一个单元格。使用相同的方法将第3行合并为一个单元格。将鼠标指针移动到第2行中间的一列上，当鼠标指针变为 ⊣⊢ 时，拖曳鼠标调整单元格大小，将其宽度分别调整为720、260，如图5-23所示。

微课视频

创建表格

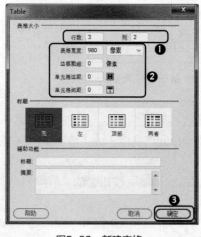

图5-22　新建表格

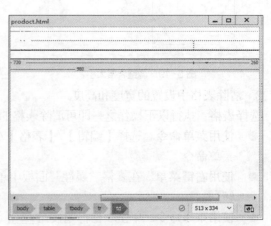

图5-23　调整单元格

（4）将插入点定位到第1行中，在"插入"面板中单击"Table"按钮 <u>Table</u> 。在打开的 "Table"对话框中分别设置"行数""列""表格宽度""边框粗细""单元格边距""单元格间距"为"1""2""100百分比""0""5""5"，单击 确定 按钮插入表格，如图5-24所示。

（5）将插入点定位到第2行第1个单元格中，在"插入"面板中单击"Table"按钮 <u>Table</u> 。在打开的"Table"对话框中分别设置"行数""列""表格宽度""边框粗细""单元格边距""单元格间距"为"3""1""100百分比""0""20""0"，单击 确定 按钮插入表格，如图5-25所示。

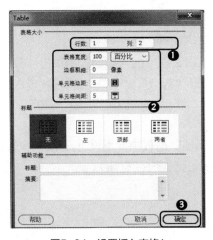

图5-24 设置插入表格1

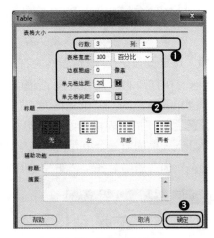

图5-25 设置插入表格2

（6）使用相同的方法在第3行中插入1行2列的表格，效果如图5-26所示。

图5-26 插入表格的效果

（二）编辑表格

下面对表格进行编辑，包括更改单元格的背景颜色、对齐方式等，具体操作如下。

微课视频

编辑表格

（1）在代码视图的<body>标签中输入"bgcolor="，单击弹出的 Color Picker... 按钮，在弹出的"颜色"面板中设置颜色为 "#F7F3E8"，修改网页的背景色。

（2）在设计视图中选择表格的第1行，在单元格"属性"面板中设置"高"为"158"，然后在代码视图中的 <td> 标签中输入 background="image/top_bg.jpg"，设置第1行单元格的背景图像，如图5-27所示。

（3）选择第2行的全部单元格，在单元格"属性"面板中单击"背景颜色"按钮 ，在弹出的"颜色"面板中设置背景颜色为"#FFFFFF"。

图5-27　设置单元格背景图像

（4）将插入点定位到第1行嵌套表格的右侧单元格中，在"插入"面板中单击"Table"按钮
　　 Table。在打开的"Table"对话框中分别设置"行数""列""表格宽度""边框粗
　　 细""单元格边距""单元格间距"为"1""6""560像素""0""0""10"，单
　　 击 确定 按钮插入表格，如图5-28所示。

（5）选择插入表格的第一个单元格，在单元格"属性"面板中分别设置"水平""高""背
　　 景颜色"为"居中对齐""36""#EFAD09"，如图 5-29 所示。

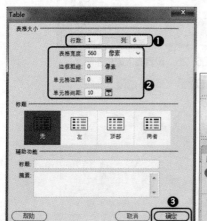

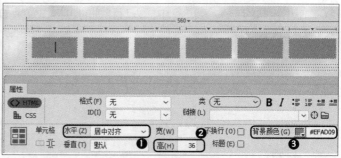

图5-28　插入表格　　　　　　　　　　图5-29　设置单元格属性

（6）将插入点定位到第2行嵌套表格的第1个单元格中，插入一个"行数""列""表
　　 格宽度""边框粗细""单元格边距""单元格间距"分别为"1""2""699像
　　 素""0""0""10"的表格。选择插入表格的右侧单元格，在单元格"属性"面板中
　　 分别设置"宽""高"为"44""45"，如图5-30所示。

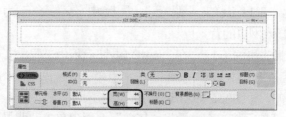

图5-30　插入表格并设置其属性

（7）在代码视图中将插入点定位到\<td>标签中，输入"background="，单击弹出的 浏览… 按钮，打开"选择文件"对话框。在"选择"下拉列表框中选择文件所在路径，在文件列表框中选择"comment_bg.gif"文件，单击 确定 按钮插入图像相对路径，如图5-31所示，为单元格设置背景图像，如图5-32所示。

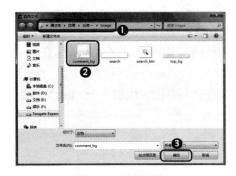

图5-31　选择文件　　　　　　　　　　　　　图5-32　插入背景图像

（8）将插入点定位到第3行嵌套表格的左侧单元格中，插入一个"行数""列""表格宽度""边框粗细""单元格边距""单元格间距"分别为"1""4""100百分比""0""0""10"的表格。

（9）选择插入的所有单元格，在单元格"属性"面板中分别设置"水平""高""背景颜色"为"居中对齐""36""#F1B94E"，如图5-33所示。

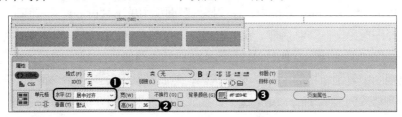

图5-33　设置单元格的属性

（三）在表格中插入内容

完成表格的插入与结构调整后，可在表格的各个单元格中插入或输入需要的内容，具体操作如下。

（1）在代码视图的\<title>标签中输入网页主题"'圈粉'商品展示"。

（2）将插入点定位到图5-34所示的单元格中，在代码视图中添加3个\<font>标签。设置第1个\<font>标签的"size""color"分别为"+3""#EFAD09"，第2个\<font>标签的"size""color"分别为"+3""#000000"，第3个\<font>标签的"size""color"分别为"+1""#5A5A5A"。分别在3个标签中输入文本"圈粉""俱乐部""welcome to here!"，在第2个\<font>标签的后面添加\
标签，使文本换行。

微课视频

在表格中插入内容

（3）将插入点定位到图5-35所示的单元格中，在代码视图的6个\<td>标签中分别添加一个\<font>标签，并设置标签的"size""color"均为"+1""#FFFFFF"，然后分别输入菜单文本"首页""商品展示""新品上架""粉丝圈""关于我们""客户服务"。

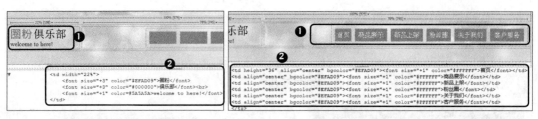

图5-34　添加标题文本　　　　　　　　　　图5-35　添加菜单文本

（4）将插入点定位到第2行嵌套表格的左侧单元格中，在代码视图中添加一个<font>标签，并设置标签的"size""color"分别为"+2""#000000"，然后在<font>标签中输入文本。

（5）将插入点定位到第2行嵌套表格的右侧单元格中，在代码视图中添加一个<font>标签，并设置标签的"size""color"分别为"+3""#EFAD09"，然后在<font>标签中输入文本，如图5-36所示。

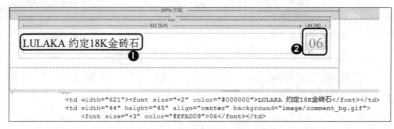

图5-36　添加商品信息

（6）将插入点定位到下方的单元格中，在"插入"面板中单击"Image"按钮 ，打开"选择图像源文件"对话框。在"选择"下拉列表框中选择文件所在路径，在文件列表框中选择"crd4.jpg"文件，单击 按钮插入图像，如图5-37所示。

（7）在代码视图中复制新增的<img>标签代码，然后粘贴10行<img>标签代码，将"crd4.jpg"分别修改为"crd5.jpg~crd14.jpg"，完成后的效果如图5-38所示。

图5-37　选择图像文件　　　　　　　　　图5-38　复制并修改相关代码

（8）将插入点定位到最后一个<img>标签的结束处，在"插入"面板中单击"水平线"按钮 插入水平线。

（9）将插入点定位到下方的单元格中，插入一个"行数""列""表格宽度""边框粗细""单元格边距""单元格间距"分别为"2""3""100百分比""0""8""0"的表格。选择插入表格的第1行单元格，在单元格"属性"面板中分别设置"水平""高"为"居中对齐""200",如图 5-39 所示。

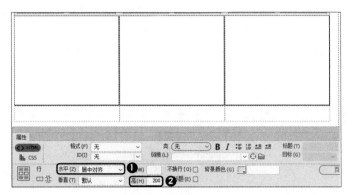

图5-39 插入表格并设置属性

（10）在插入表格的第 1 行 3 个单元格中分别插入"crd3.jpg""tsl4.jpg""tsl3.jpg"文件，然后在第 2 行的单元格中分别输入对应的文本，效果如图 5-40 所示。

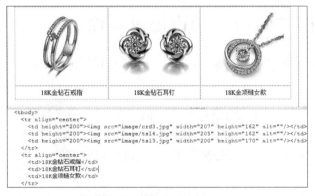

图5-40 添加图像和文本

（11）将插入点定位到第2行嵌套表格右侧的单元格中，在单元格"属性"面板中设置"垂直"为"顶端"，插入一个3行1列的无边框表格，在无边框表格的第1行中插入"search.jpg"文件。

（12）在无边框表格的第3行中插入一个4行2列的表格，设置该表格第1列的"宽""高"分别为"13""24"，并分别插入"but-del1.gif"文件，在该表格第2列的<td>标签中插入<font>标签，设置<font>标签的"size""color"分别为"3px""#5E5A5B"，在<font>标签中输入导航文本，效果如图5-41所示。

图5-41 添加侧栏导航

（13）将插入点定位到底部的导航单元格中，在代码视图的4个<td>标签中分别添加一个 <font>标签，并设置<font>标签的"size""color"均为"+1""#FFFFFF"，分别输入 菜单文本"关于圈粉""圈粉圈""联系客服""售后服务"。

（14）将插入点定位到导航单元格右边的单元格中，输入网页版权信息的文本，效果如图5-42 所示。

图5-42　添加网页版权信息的文本

任务二　制作"圈粉"销售记录页面

通过表格不仅能布局文本和图像，还能查看或操作销售记录数据。

一、任务目标

新建一个空白网页，创建表格用来布局页面，然后导入表格数据，最后再美化表格。通过本任务的学习，可以掌握使用表格、管理表格数据和对表格进行美化的方法。本任务制作完成后的最终效果如图5-43所示。

"圈粉"销售记录页面

素材所在位置　素材文件\项目五\任务二\image\、product.xml
效果所在位置　效果文件\项目五\任务二\record.html

图5-43　"圈粉"销售记录页面

二、相关知识

表格除了能布局页面外，还能处理数据。本任务将介绍在Dreamweaver CC 2018中对表格数据进行导入、导出、排序、美化等操作，以及进行单元格的剪切、复制、粘贴和删除等操作。

（一）导入和导出表格数据

为了更方便地进行表格数据的操作，可以导入和导出表格数据，下面分别进行讲解。

1. 导入数据

若另一个文档（如 TXT格式的文本文档）中已经创建了带有格式的数据（各数据以制表符、逗号、冒号或分号隔开），可将带有格式的数据导入Dreamweaver CC 2018中并设置表格格式。

在Dreamweaver CC 2018中导入数据的方法为：选择【文件】/【导入】/【表格式数据】菜单命令，打开"导入表格式数据"对话框，在该对话框中设置"数据文件""表格宽度""单元格边距""单元格间距""边框"等，单击 确定 按钮，如图5-44所示。

学籍号	姓名	性别	学校
20201052	张欣		射洪县太和中学
20201053	陈欣昊	男	成都
20201054	周琪	女	富新中学
20201055	王佩	女	雨润中学
20201056	曾琪	女	富新中学
20201057	庞欢	女	汉旺中学
20201058	肖健翔	男	实验中学
20201059	王绍杰	男	德外
20201060	吴阳	男	仁寿中学
20201061	曾小发	男	实验中学

图5-44　导入数据

2. 导出数据

若要将网页中的表格数据应用到其他地方，需要先导出表格，方法为：将插入点定位到需导出表格的任意单元格中，选择【文件】/【导出】/【表格】菜单命令，打开"导出表格"对话框，根据提示导出并保存文件即可。

> **多学一招**　　**选择定界符**
>
> 　　在"导入表格式数据"对话框的"定界符"下拉列表框中需要选择保存数据文件时使用的定界符。如果不这样做，就无法正确地导入文件，也无法在表格中对数据进行正确的格式设置。

（二）对表格数据进行排序

对表格数据进行排序不但便于用户查看内容，还能使数据显示直观。排序时可以根据单列的内容对表格中的数据进行排序，也可以根据两列的内容进行更加复杂的数据排序，但是不能对包含"colspan"或"rowspan"属性的表格（即包含合并单元格的表格）中的数据进行排序。

表格数据排序的方法为：选择表格或任意单元格，选择【编辑】/【表格】/【排序表格】菜单命令，在打开的对话框中进行设置，然后单击 确定 按钮，如图5-45所示。图5-46所示为以"学校"为主关键字、"学籍号"为次关键字进行数据排序的结果。

图5-45　"排序表格"对话框　　　　图5-46　表格数据排序

"排序表格"对话框中各选项的含义如下。

- **"排序按"下拉列表框。** 用于确定使用哪列的数据对表格数据进行排序。
- **"顺序"下拉列表框。** 用于确定是按字母还是按数字进行排序，并且还可设置排序方式是升序还是降序。
- **"再按"和"顺序"。** 用于确定在另一列上应用的第二种排序方法的排序顺序。
- **"排序包含第一行"复选框。** 用于指定将表格的第一行包括在排序中，如果第一行是不应移动的标题，则不选中此复选框。
- **"排序标题行"复选框。** 用于指定使用与主体行相同的条件对表格 <thead> 标签（如果有）中的所有行进行排序。
- **"排序脚注行"复选框。** 用于指定使用与主体行相同的条件对表格 <tfoot> 标签（如果有）中的所有行进行排序。
- **"完成排序后所有行颜色保持不变"复选框。** 指定排序之后，表格行属性（如颜色）应该与同一内容保持关联；如果表格行使用两种交替的颜色，则不要选中此复选框，以确保排序后的表格仍具有颜色交替的行；如果行属性是固定的，可选中此复选框以确保这些属性与排序后表格中正确的行关联在一起。

（三）剪切、复制、粘贴和删除单元格

除了可以对表格进行编辑外，还可以对单元格进行编辑，如剪切、复制、粘贴和删除单个单元格或多个单元格等，下面分别进行介绍。

1. 剪切、复制单元

选择连续行中的一个或多个单元格，然后选择【编辑】/【剪切】或【拷贝】菜单命令即可对其进行剪切或复制。

2. 粘贴单元格

在上一步的基础上，将插入点定位到要粘贴单元格的位置，选择【编辑】/【粘贴】菜单命令即可对其进行粘贴。

3. 删除单元格

删除单元格包括删除单元格内容和删除行或列。

- **删除单元格内容。** 选择一个或多个单元格，按【Delete】键即可删除单元格内容。
- **删除行或列。** 选择行或列，选择【编辑】/【表格】/【删除行】或【删除列】菜单命令即可删除行或列。

（四）美化表格

在对表格内容进行展示时，需要对表格进行分层式处理，如用颜色区分表格标题和表格内容，或使用不同的颜色划分表格内容。这些都可以通过设置表格边框颜色或单元格背景颜色来实现。

1. 设置表格边框

要设置表格边框颜色，首先需要将表格边框"border"值设置为非0整数。这里设置"border"为1，然后在代码视图中将插入点定位到<table>标签中，输入"bordercolor="，单击弹出的 Color Picker... 按钮，在打开的"颜色"面板中选择颜色，如图5-47所示。图5-48所示为设置表格边框颜色为"#09B5F3"的效果。

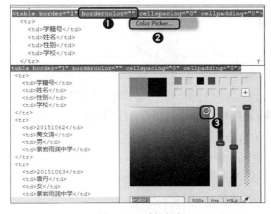

图5-47　选择颜色

图5-48　设置表格边框

2. 设置单元格背景颜色

选择需要应用背景颜色的单元格，在单元格"属性"面板的"背景颜色"选项中，单击右侧的色块，在弹出的"颜色"面板中选择颜色，如图5-49所示。也可以在代码视图的<td>标签中输入"bgcolor"，进行单元格背景颜色的设置。

图5-49　设置单元格背景颜色

三、任务实施

（一）使用表格布局网页

下面将新建一个空白网页文件，使用表格布局网页框架，然后嵌套表格，并插入需要的内容，具体操作如下。

（1）在Dreamweaver CC 2018中新建一个空白网页文件，并保存为"record.html"。

（2）在HTML"属性"面板中单击 页面属性... 按钮，在打开的"页面属性"对话框中选择"外观（HTML）"选项卡，单击 浏览 (B)... 按钮，如图5-50所示，在打开的"选择图像源文件"对话框中选择"top_bg.jpg"文件。

微课视频

使用表格布局网页

（3）单击"背景"选项右侧的 按钮，输入页面主题文本，如图5-51所示。

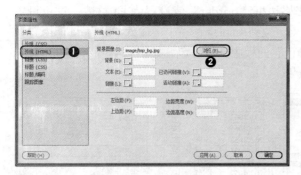

图5-50　修改外观背景　　　　　　　　　图5-51　输入页面主题文本

（4）在"插入"面板中单击"Table"按钮 ，在打开的"Table"对话框中分别设置"行数""列""表格宽度""边框粗细""单元格边距""单元格间距"为"3""2""100百分比""1""0""0"，单击 按钮插入表格，合并第1行和第3行的单元格。

（5）在代码视图中的 <table> 标签中输入"bordercolor= "#E9DEBE""，如图5-52所示，然后在设计视图中拖曳表格第2行的第1列，调整列宽为180px。 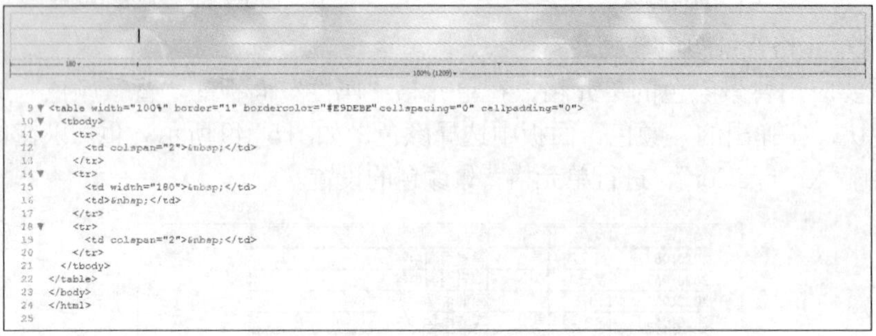

图5-52　插入表格

（6）选择表格第1行，在单元格"属性"面板中设置"高"为"120"，插入一个"行数""列""表格宽度""边框粗细""单元格边距""单元格间距"分别为"1""2""100百分比""0""10""0"的表格。在代码视图中插入3个<font>标签，分别设置"color"为"#EFAD09""#000000""#5A5A5A"，并分别输入标题文本，然后在第2个<font>标签后插入
标签并添加"icon_title.png"文件，完成后的效果如图5-53所示。 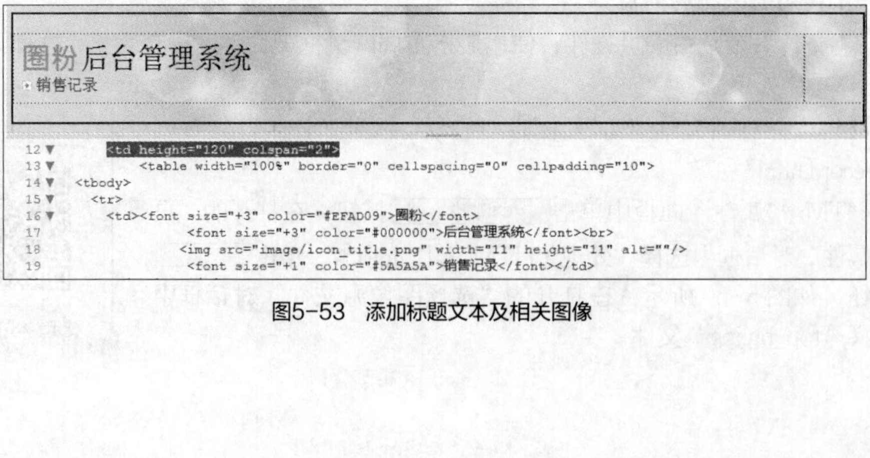

图5-53　添加标题文本及相关图像

（7）将插入点定位到表格第3行中，在单元格"属性"面板中设置"高"为"60"，输入版权信息等文本，如图5-54所示。

图5-54　插入版权信息等文本

（8）将插入点定位到第2行第1列，在单元格"属性"面板中设置"垂直"为"顶端"，插入一个"行数""列""表格宽度""边框粗细""单元格边距""单元格间距"分别为"5""2""100百分比""0""0""0"的表格。合并第1行的单元格，并设置第1列单元格的"高"为"24"、第2~5行的第1列单元格的"宽""高"均为"24"，效果如图5-55所示。

（9）在第2行、第5行的第1列单元格中插入"but-del1.gif"文件，在第2列单元格中输入菜单文本，如图5-56所示。

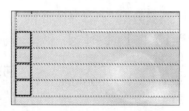

图5-55　插入一个5行2列的表格　　　　　图5-56　添加菜单文本

（10）将插入点定位到第2行第2列的单元格中，在单元格"属性"面板中分别设置"垂直""高""背景颜色"为"顶端""530""#FFFFFF"，如图5-57所示。

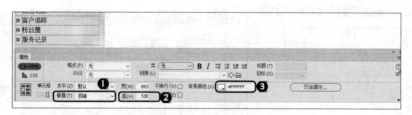

图5-57　设置单元格属性

（11）将插入点定位到右侧单元格中，插入一个"行数""列""表格宽度""边框粗细""单元格边距""单元格间距"分别为"3""2""100百分比""0""0""0"的表格。然后合并第1行的单元格，分别设置3行的"高"为"36""460""24"，如图5-58所示。

图5-58　插入一个3行2列的表格

（12）将插入点定位到第1行的单元格中，插入一个"行数""列""表格宽度""边框粗细""单元格边距""单元格间距"分别为"1""3""100 百分比""0""0""0"的表格。在第2列单元格对应代码处添加3个 <font> 标签，设置第2个 <font> 标签的"color"为"#E9AA0A"。在第1、2个 <font> 标签中输入文本，将插入点定位到第3个 <font> 标签中，在"插入"面板中单击"日期"按钮 📅 日期插入日期。

（13）将插入点定位到第3列的单元格中，插入"key.gif""loginout.gif"文件，分别在图像后输入说明文本，效果如图5-59所示。

图5-59 插入图像和文本

（二）导入表格式数据

下面在布局好的表格框架中，插入销售记录的表格式数据，具体操作如下。

（1）将插入点定位到嵌套表格的第2行第2列，选择【文件】/【导入】/【表格式数据】菜单命令，打开"打开"对话框。在"选择"下拉列表框中选择文件所在路径，在文件列表框中选择"product.xml"文件，单击 打开(0) 按钮，如图5-60所示。

（2）在打开的"导入表格式数据"对话框中分别设置"定界符""表格宽度""单元格边距""单元格间距""边框"为"Tab""匹配内容""0""0""1"，如图5-61所示。

微课视频

导入表格式数据

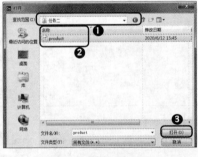

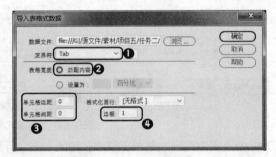

图5-60 选择数据文件　　　　　图5-61 设置"导入表格式数据"对话框

（3）单击 确定 按钮导入表格式数据，效果如图5-62所示。

类别	商品名称	单价（元）	库存	销售	热度	上架时间
首饰	TSL钻石耳钉白18K金钻石耳钉耳环女款花形单钻耳饰BB017	1680	2369	2631	6434	2020年1月15日
时尚女包	佐加尼珍珠曲皮包女2020新款真皮链条包	7933	1628	3372	5062	2020年2月19日
时尚女包	SAINTJOY:上久楷宋锦女式补包	13890	1568	3432	2018	2020年2月23日
首饰	TSL18K金心形钻石项链多戴K金项链链坠PT744 钻石共15颗	5810	528	4472	8156	2020年3月6日
时尚女包	APDISHU 短坎女包2019春夏新款品牌女士包包头层牛皮手提包女式包	1458	1209	3791	8132	2020年3月12日
时尚女包	SAINTJOY:上久楷宋锦女式斜挎包	9880	2350	2650	6462	2020年3月15日
时尚女包	SAINTJOY:上久楷宋锦国礼款 女式挎包 女包 苏州博物馆合作款	8880	893	4107	2514	2020年3月18日
时尚女包	celbean鳄鱼皮包女包	6500	2586	2414	5906	2020年3月17日
时尚女包	CHARLES&KEITH2020春夏新品CK2-60671065女士褶皱包	1598	988	4012	1223	2020年3月25日
时尚女包	CHARLES&KEITHCK2-50150617时尚通勤软子手包	1239	1598	3811	7033	2020年3月25日
首饰	CRD克徕帝钻戒18K金钻石戒指	11859	1698	3302	2433	2020年3月25日
时尚女包	TSL18K金项链锁女款时尚群镶钻石18项链强饰商场专柜同款BB435 45cm 钻石项链包	5357	1638	3362	3105	2020年3月25日
时尚女包	A Cloud 本木格扎真品质现感鳄鱼皮包包绿练手提包	1499	1508	3492	5383	2020年4月2日
时尚女包	歌诗绣2020真皮手提包牛皮女包春夏新款单肩包包	1435	213	4787	6632	2020年4月5日
时尚女包	VUNIOSON 鳄鱼皮女包肚皮羊皮包时尚包包真皮女大包	16288	2587	2413	8908	2020年5月12日

图5-62 导入表格式数据的效果

（4）将插入点定位到导入表格的任意单元格中，选择【编辑】/【表格】/【排序表格】菜单命令，在打开的"排序表格"对话框中分别设置主关键字的"排序按"为"列1"，"顺序"为"按字母顺序降序"，分别设置次关键字的"再按"为"列5"，"顺序"为"按数字顺序降序"，如图5-63所示。

（5）单击 确定 按钮完成表格数据的排序，效果如图5-64所示。

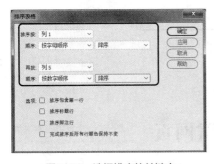

图5-63　选择排序的关键字

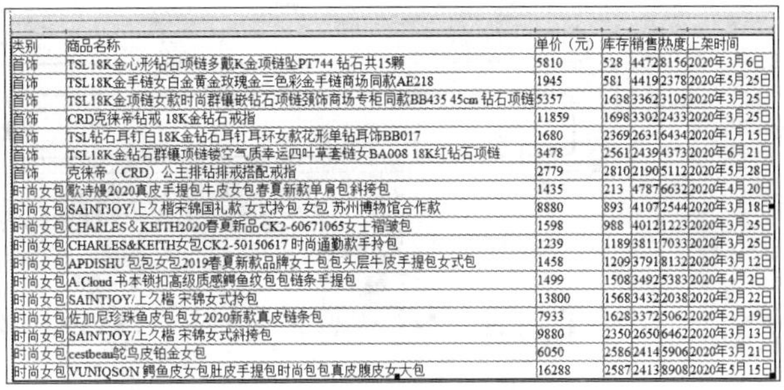

图5-64　完成排序的表格数据

（6）选择表格，在代码视图中的<table>标签中输入代码"bordercolor="#F1B94E""，修改表格边框颜色，效果如图5-65所示。

图5-65　修改表格边框颜色

（7）选择第1行单元格，在单元格"属性"面板中分别设置"水平""高""背景颜色"为"居中对齐""24""#878080"，效果如图5-66所示。为所有标题文本添加<font>标签，并设置"color"为"#E9DEBE"。

图5-66　设置单元格背景

（8）将插入点定位到第3行的单元格中，在单元格"属性"面板中设置"水平"为"居中对齐"。在"插入"面板中单击"Table"按钮 ⊞ Table，在打开的"Table"对话框中分别设置"行数""列""表格宽度""边框粗细""单元格边距""单元格间距"为"1""3""80像素""1""0""0"。

（9）在代码视图的<table>标签中输入代码"bordercolor="#E9AA0A""，修改表格第3行的边框颜色。选择第1个单元格，在单元格"属性"面板中分别设置"水平""背景颜色"为"居中对齐""#F1B94E"，然后设置第2、3个单元格的"水平"为"居中对齐"，最后分别在单元格中输入"1""2"">"，效果如图5-67所示。

图5-67　添加页码内容

实训一　布局"爱尚汽车"美图欣赏网页

【实训要求】

制作"爱尚汽车"美图欣赏网页，要求使用表格布局网页。本实训的参考效果如图5-68所示。

【实训思路】

在创建的空白网页中插入表格，然后在表格中嵌套表格并添加网页内容，再对添加内容的表格进行编辑，最后设置表格的属性。

 素材所在位置　素材文件\项目五\实训一\image\
　　　　　　　效果所在位置　效果文件\项目五\实训一\carpic.html

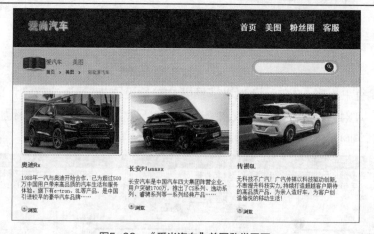

图5-68　"爱尚汽车"美图欣赏网页

【步骤提示】

（1）创建一个名为"carpic.html"的网页文档，设置页面属性的上、下、左、右边距都为0，然后插入一个5行1列的表格，并设置单元格的"水平"为"居中对齐"。

（2）设置第1行的背景图像为"top_bg.gif"、"高"为"120"，在其中插入一个"行数""列""表格宽度""边框粗细""单元格边

距""单元格间距"分别为"1""2""930像素""0""0""0"的表格，在其单元格中插入Logo图像和菜单文本。

（3）设置第2行的背景图像为"title_bg.gif"、"高"为"108"，在其中插入一个"行数""列""表格宽度""边框粗细""单元格边距""单元格间距"分别为"1""3""930像素""0""0""0"的表格，在其单元格中插入相应图像和网页栏目信息文本。

（4）在第3行中插入一个"行数""列""表格宽度""边框粗细""单元格边距""单元格间距"分别为"7""5""930像素""0""0""0"的表格，在其单元格中插入汽车图像和汽车信息文本。

（5）设置第4行的背景图像为"footer_top.gif"、"高"为"67"，在其中插入一个"行数""列""表格宽度""边框粗细""单元格边距""单元格间距"分别为"1""4""930像素""0""0""0"的表格，在其单元格中添加菜单文本。

（6）设置第5行的背景图像为"footer_bg.gif"、"高"为"120"，在其中插入一个"行数""列""表格宽度""边框粗细""单元格边距""单元格间距"分别为"3""4""930像素""0""0""8"的表格，在其单元格中添加超链接文本。

实训二　制作"爱尚汽车"客户跟踪网页

【实训要求】

制作"爱尚汽车"客户跟踪网页，练习导入表格数据的方法，并对表格进行编辑。本实训的最终参考效果如图5-69所示。

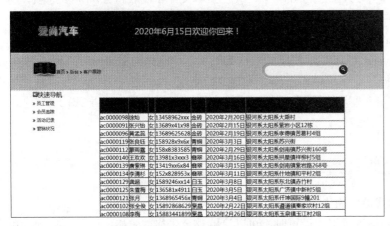

图5-69　"爱尚汽车"客户跟踪网页

【实训思路】

在创建的空白网页中插入一个表格，然后在表格中嵌套表格并添加网页内容，再导入表格式数据，最后设置表格的属性。

素材所在位置　素材文件\项目五\实训二\image\、huiy.csv
效果所在位置　效果文件\项目五\实训二\customer.html

【步骤提示】

（1）创建一个名为"customer.html"的网页文档，设置页面属性的上、下、左、右边距均为0，然后插入一个5行1列的表格。

（2）设置第1行的"高"为"120"，背景图像为"top_bg.gif"，在其中插入一个1行2列的表格，插入Logo图像和文本。

（3）设置第2行的"高"为"108"，背景图像为"title_bg.gif"，在其中插入一个1行3列的表格，插入图像和文本。

（4）设置第4行的"高"为"67"，背景图像为"footer_top.gif"，然后在其中插入文本。

（5）设置第5行的"高"为"120"，背景图像为"footer_bg.gif"。

（6）在第3行中插入一个1行2列的表格，在该表格的第1列中插入一个5行1列的表格，在其中插入菜单文本，在第2列中导入表格式数据，然后设置表格属性。

微课视频

制作"爱尚汽车"
客户跟踪网页

常见疑难解析

问　为什么单元格"属性"面板中没有"列""背景颜色"等选项？

答　因为"属性"面板处于简化样式，解决方法为：在"属性"面板右下角单击下拉按钮▼显示所有选项。

问　为什么不能直接导入Excel文件？

答　因为Dreamweaver CC 2018不能直接解析.xls或.xlsx文件，解决方法为：打开储存数据的Excel文件，选择【文件】/【另存为】菜单命令，在打开的"另存为"对话框的"保存类型"下拉列表框中选择"CSV（逗号分隔）"或"文本文件（制表符分隔）"选项，将其另存为CSV或TXT格式的文件，然后在Dreamweaver CC 2018中进行导入。

问　为什么导入表格式数据时，汉字会显示为乱码？应如何处理？

答　因为Dreamweaver CC 2018字符集的默认编码不是"简体中文GB2312"，解决方法为：在打开的"新建文档"对话框中单击 首选参数(P)... 按钮，在打开的"首选项"对话框中选择"新建文档"选项卡，在"默认编码"下拉列表框中选择"简体中文（GB2312）"选项，单击 应用 按钮。

拓展知识

1. **HTML 中表格格式设置的优先顺序**

当在设计视图中对表格进行格式设置时，可以设置整个表格或表格中所选行、列、单元格的属性。如果将整个表格的某个属性（例如"背景颜色"或"对齐"）设置为一个值，而将单个单元格的属性设置为另一个值，则单元格格式设置优先于行格式设置，行格式设置又优先于表格格式设置。

2. **粘贴表格单元格**

若要用复制或剪切的单元格替换现有的单元格，需要选择一组与剪贴板中单元格具有相同布局的现有单元格。例如，如果复制或剪切了一块3行2列的单元格区域，则可以选择另一块3行×2列的单元格区域通过粘贴进行替换。

课后练习

（1）制作"流行服装秀"网页。先创建表格、嵌套表格、编辑单元格，再在单元格中添加内容，完成后的最终效果如图5-70所示。

图5-70 "流行服装秀"网页

 素材所在位置 素材文件\项目五\练习一\pic\
效果所在位置 效果文件\项目五\练习一\lxfz.html

（2）制作"日历2020"网页。先创建表格、编辑表格，再向网页中添加文本、导入表格式数据，最后编辑表格和文本元素，完成后的最终效果如图5-71所示。

6月		鼠年大吉			2020年	
					【农历庚子年】	
星期日	星期一	星期二	星三	星期四	星期五	星期六
31	1 儿童节	2	3	4	5 芒种	6
7	8	9	10	11	12	13
14	15	16	17	18	19	20
21 父亲节	22	23	24	25 端午节	26	27
28	29	30	1	2	3	4

图5-71 "日历2020"网页

 素材所在位置 素材文件\项目五\练习二\ril.csv
效果所在位置 效果文件\项目五\练习二\ril2020.html

项目六
使用CSS和Div

情景导入

米拉问："老洪，制作网页时每次都需要设置字体格式，很麻烦，有没有高效一点的方法呢？"老洪说："可以使用CSS设置网页格式，这种方法不仅能统一网页风格，还能提高工作效率，便于后期修改网页。"米拉兴奋地说："CSS真是太神奇了。"老洪继续说道："还可以使用Div布局页面，网页设计师通常都使用Div+CSS布局网页，这两项操作是网页设计的重点，你要认真学习。"

学习目标

- ● 掌握CSS的创建和使用方法
  如认识CSS、应用CSS、在"CSS设计器"面板中创建CSS样式等。
- ● 掌握Div的创建和使用方法
  如插入Div、编辑Div等。

- ● 掌握使用Div+CSS布局网页的方法
  如盒子模型、Div+CSS定位、Div+CSS布局网页等。

案例展示

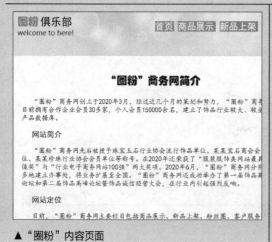

▲ "圈粉"内容页面

▲ "圈粉"网站首页

任务一 美化"圈粉"内容页面

在制作网页时，设置网页中各元素的格式是很烦琐的工作，在Dreamweaver CC 2018中可以使用CSS轻松地解决该问题。CSS不但可以控制网页风格，还可以减少重复的工作量。

一、任务目标

本任务将使用CSS美化"show.html"网页，在进行美化时先新建CSS，再将其应用到"show.html"网页。通过本任务可让读者更加熟练地掌握CSS的各种属性及其作用，以及CSS在网页设计中的相关操作。本任务完成后的效果如图6-1所示。

 素材所在位置 素材文件\项目六\任务一\image\、show.html
效果所在位置 效果文件\项目六\任务一\show.html

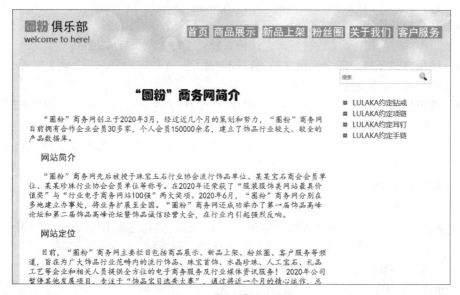

图6-1 "圈粉"内容页面

二、相关知识

本任务制作过程中涉及CSS的相关知识，下面对CSS进行简单介绍。

（一）认识CSS

CSS是Cascading Style Sheets（层叠样式表）的缩写，是一种用来表现HTML或XML等文件样式的计算机语言。

CSS目前的常用版本是CSS3，它是能够真正做到网页表现与内容分离的一种样式设计语言。相对于传统HTML而言，CSS3能够对网页中各元素的位置进行像素级的精确控制，并进行初步的交互设计，是目前基于文本展示较为优秀的样式设计语言。

1. CSS的功能

CSS 的功能归纳起来主要有以下 6 点。

- 灵活控制网页中文本的字体、字号、颜色、间距和位置等。
- 灵活设置一个文本块的行高和缩进，并能为其添加三维效果的边框。
- 方便定位网页中的任何元素，并为其设置不同的背景颜色和背景图像。
- 精确控制网页中各元素的位置。
- 可以为网页中的元素设置各种过滤器，从而产生阴影、模糊、透明等效果。
- 与脚本语言结合使用，能使网页中的元素产生各种动态效果。

2. CSS的特点

CSS的特点主要包括以下5点。

- **容易管理源代码**。在网页中，如果不使用CSS，HTML标签和网页文档的内容、样式信息等都会混杂在一起，如果将这些内容合并到CSS中，放置在网页前，就能方便地对网页内容及源代码进行修改。
- **提高读取网页的速度**。在使用CSS的过程中，CSS会对源代码进行整理，从而加快网页在浏览时的加载速度。如网页中使用了一个\<p\>标签，在读取网页时，首先读取\<p style="font_size:14;color:#cbf"\>\</p\>样式，并将其整合在CSS中，在下一次读取时，CSS会记住该标签的表示方式，从而提高读取网页的速度。
- **共享样式设定**。将样式存储在CSS中，并将CSS保存为单独的文件，可以在多个网页中同时使用CSS的各种样式，避免重复设置每个网页样式的麻烦。
- **使用方式多样**。多个网页文档可以同时使用一个CSS文件，一个网页文档也可同时使用多个CSS文件。
- **冲突处理**。在网页中使用两种或两种以上的样式时，会发生冲突。如果在同一个网页中使用两种样式，浏览器将显示两种样式中除了冲突属性外的所有属性；如果两种样式互相冲突，则浏览器会显示样式属性；如果存在直接冲突，那么自定义CSS的属性将覆盖HTML标签中的样式属性。

3. CSS语法规则

CSS语法规则由两部分组成：选择器和声明（大多数情况下为包含多个声明的代码块）。选择器是标识已设置格式元素的术语（如 p、h1、类名称或 ID），声明则用于定义样式属性。图6-2所示的代码中，"title_1"是选择器，而大括号之间的所有内容都是声明。声明由两部分组成：属性（如"font-family"）和值（如"仿宋"）。

```
1 ▼ title_1 {
2       font-size: 16px;
3       font-family: "仿宋";
4       color: #5A5A5A;
5   }
```

图6-2　CSS语法规则

该代码块的含义为：为"title_1"标签创建特定样式，所有链接到此样式的"title_1"标签的文本字体为"仿宋"、大小为"16px"、颜色为"#5A5A5A"。

4. CSS样式的定义类型

CSS样式位于网页代码的\<head\>标签中，其作用范围由符合CSS规范的文本来定义。CSS样式有以下4种类型，不同类型的CSS样式作用范围也不同。

- **类**。类可以定义任何标签的样式，并可以同时应用于多个对象，是常用的CSS样式定义方式。其显著特征是名称前有"."，且需要手动为对象应用样式，图6-3所示为定义名称为"top"的类样式".top"。
- **ID**。ID可以针对网页中不同ID名称的对象进行样式定义，它只能应用到具有该ID名称的对象上。在引用ID类型的CSS样式时，需要在样式前添加"#"。原则上在同一个网页中，不同对象的ID名称不能相同。图6-4所示为定义名称为"top"的ID样式"#top"。

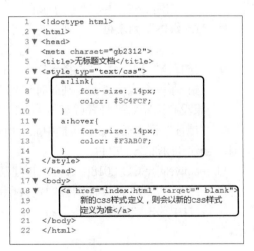

```
1    <!doctype html>
2  ▼ <html>
3  ▼ <head>
4    <meta charset="gb2312">
5    <title>无标题文档</title>
6  ▼ <style typ="text/css">
7  ▼     .top{
8             font-size: 12px;
9             color:#312C5A;
10         }
11   </style>
12   </head>
13 ▼ <body>
14        <div class="top">首页</div>
15   </body>
16   </html>
```
图6-3 类样式

```
1    <!doctype html>
2  ▼ <html>
3  ▼ <head>
4    <meta charset="gb2312">
5    <title>无标题文档</title>
6  ▼ <style typ="text/css">
7  ▼     #top{
8             height:50px;
9             width: 100%;
10         }
11   </style>
12   </head>
13 ▼ <body>
14        <div id="top"></div>
15   </body>
16   </html>
```
图6-4 ID 样式

- **标签**。标签可以对HTML标签进行样式定义，网页中所有具有该标签的对象都会自动应用定义的标签样式。如对<body>标签进行样式定义，则所有位于<body>标签中的文本会自动应用该样式，如图6-5所示。
- **复合内容**。复合内容主要对超链接的各种状态效果进行样式定义，设置好复合内容样式后，网页中创建的所有超链接对象上都会自动应用定义的复合内容样式，如图6-6所示。

```
1    <!doctype html>
2  ▼ <html>
3  ▼ <head>
4    <meta charset="gb2312">
5    <title>无标题文档</title>
6  ▼ <style typ="text/css">
7  ▼     body{
8             font-family: "仿宋";
9             font-size: 14px;
10            line-height: 22px;
11         }
12   </style>
13   </head>
14 ▼ <body>
15   默认情况下，在<body>...</body>标签之间的内容
16   会自动应用定义的标签样式"body"的定义，如果
17   有新的css样式定义，则会以新的css样式定义为
18   准。
19   </body>
20   </html>
```
图6-5 标签样式

```
1    <!doctype html>
2  ▼ <html>
3  ▼ <head>
4    <meta charset="gb2312">
5    <title>无标题文档</title>
6  ▼ <style typ="text/css">
7  ▼     a:link{
8             font-size: 14px;
9             color: #5C4FCF;
10         }
11 ▼     a:hover{
12            font-size: 14px;
13            color: #F3AB0F;
14         }
15   </style>
16   </head>
17 ▼ <body>
18 ▼     <a href="index.html" target="_blank">
19        新的css样式定义，则会以新的css样式
20        定义为准</a>
21   </body>
22   </html>
```
图6-6 复合内容样式

（二）CSS设计器

Dreamweaver CC 2018中的"CSS设计器"是一个综合性面板，在此可以可视化地创建或附加样式表、定义媒体查询和选择器，以及设置 CSS 属性。

在Dreamweaver CC 2018中，可以通过选择【窗口】/【CSS设计器】菜单命令或按【Shift+F11】组合键，打开"CSS设计器"面板，如图6-7所示。

图6-7　"CSS 设计器"面板

"CSS 设计器"面板中部分选项的含义如下。

● **"源"列表框。**该列表框中列出了与当前网页有关的所有样式表。在该列表框中，可以创建 CSS，并将其附加到网页中，也可以定义当前网页中的 CSS 样式。
● **"@ 媒体"列表框。**该列表框用于设置在"源"列表框中所选源的全部媒体查询。如果不选择特定的 CSS 样式，此列表框中将显示与网页关联的所有媒体查询。
● **"选择器"列表框。**"选择器"列表框中列出了所选源中的全部选择器。如果同时还选择了一个媒体查询，则此时该列表框会为该媒体查询缩小选择器列表的范围。如果没有选择 CSS 样式或媒体查询，则此列表框中将显示网页中的所有选择器。
● **"属性"列表框。**该列表框中显示所选择的选择器中的所有属性。

1. 创建和附加CSS文件

在Dreamweaver CC 2018中，可以创建新的CSS文件（见图6-8）、使用现有的CSS文件（见图6-9），也可以直接在网页中定义CSS样式，方法为：在"CSS 设计器"面板中的"源"列表框中单击"添加CSS源"按钮**＋**，在打开的下拉列表中选择相应的选项，如图6-10所示。

图 6-8　新建 CSS 文件　　　　图 6-9　使用现有的 CSS 文件　　　图 6-10　创建和附加 CSS 文件

行内嵌入 CSS 样式

　　除了前面介绍的方法外，还可以行内嵌入 CSS 样式。行内嵌入是将 CSS 样式代码直接嵌入 HTML 代码中，主要在 <body> 标签内实现，方法为：直接在 HTML 标签中添加 style 参数，该参数的内容就是 CSS 的属性和值，style 参数后面引号内的内容相当于 CSS 中大括号中的内容。该方法使用比较简单，且直观，但无法发挥 CSS 的优势，不利于网页的加载，而且会增大文件，只适用于 CSS 样式较少的情况。

2. 定义媒体查询

　　如今开发的网页需要适应更多的设备，如 PC 端、移动端，而各种设备的页面尺寸是不一样的，这就加大了网页的制作难度，运用 CSS 的定义媒体查询功能可以解决这一问题。图 6-11 所示的代码表示：当设备分辨率为 768px~1200px，则 ".box" 类按 @media 中的 CSS 样式显示，否则按前一个 ".box" 类的 CSS 样式显示，如图 6-12 所示。

```
<style typ="text/css">
    a:link{font-size: 14px; color: #...}
    a:hover{font-size: 14px; color: #...}
.box {
    width: 200px;
    height: 200px;
    background-color:bisque;
}
@media (min-width:768px) and (max-width:1200px){
    .box{
        width: 600px;
        height: 280px;
        background-color:#C9FF83;
        position:absolute;
    }
}
</style>
</head>
<body>
    <div class="box"><a href="index.html" target="_blank">
    新的css样式定义,则会以新的css样式
    定义为准</a></div>
</body>
```

图 6-11　定义设备显示尺寸

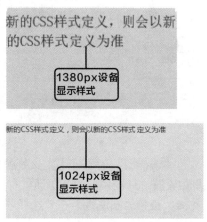

图 6-12　不同设备中显示的样式

　　在 Dreamweaver CC 2018 的 "CSS 设计器" 面板中定义媒体查询的方法为：在 "源" 列表框中选择 CSS 样式，然后在 "@ 媒体" 列表框中单击 ➕ 按钮，如图 6-13 所示，在打开的 "定义媒体查询" 对话框中设置媒体查询条件，单击 **确定** 按钮完成媒体查询的定义，如图 6-14 所示，最后为该媒体查询添加 CSS 样式。

图6-13　在"源"列表框中选择CSS样式

图6-14　设置媒体查询条件

3. 定义 CSS 选择器

在 CSS 中，选择器是一种模式，用于选择需要添加样式的元素。在定义选择器时，需要先定义类或 ID，再为其添加属性。在"CSS 设计器"面板中定义选择器的方法为：选择"源"列表框中的某个 CSS 样式或"@媒体"列表框中的某个媒体查询，然后在"选择器"列表框中单击 + 按钮，在文本框中输入类或 ID 名称，如图 6-15 所示。

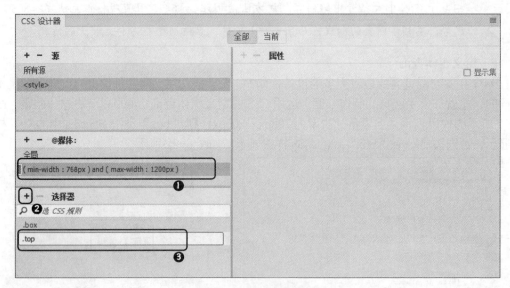

图 6-15　定义 CSS 选择器

在"选择器"列表框中定义好类或 ID 后，还需要设置选择器的属性。在"选择器"列表框中设置选择器属性的方法通常有如下两种。

● **直接添加属性**。在"选择器"列表框中选择定义的选择器，然后在"属性"列表框中添加属性，如图 6-16 所示。

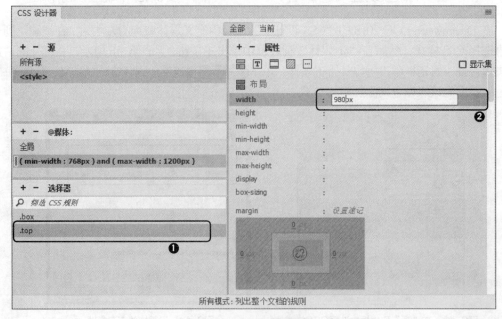

图 6-16　设置选择器属性

● **复制并粘贴属性样式。** 如果需要将已有选择器的属性应用到新的选择器中，可运用复制粘贴的方法。其方法为：在"选择器"列表框中选择定义了属性的选择器，单击鼠标右键，在弹出的快捷菜单中选择【复制所有样式】命令，如图 6-17 所示，然后选择新的选择器，单击鼠标右键，在弹出的快捷菜单中选择【粘贴样式】命令，如图 6-18 所示。

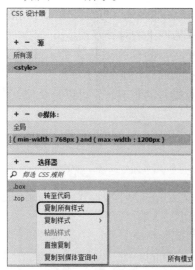

图6-17　复制已有选择器所有属性样式

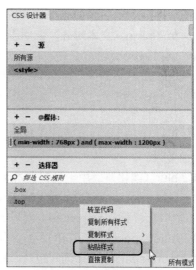

图6-18　粘贴属性样式

（三）设置CSS样式的属性

CSS中集中了多种CSS样式，它们可以用于实现网页中的特殊效果，如使用CSS样式可以定义文本、边框、背景等对象的样式。这些样式可以使用"CSS 设计器"面板的"属性"列表框进行设置。

1. 文本样式的属性

在"CSS设计器"面板的"属性"列表框中单击"文本"按钮▣，可在"属性"列表框中显示关于文本样式的属性及属性值，如图6-19所示。此时可方便、快速地定义文本样式的属性，同时也可避免在Deamweaver CC 2018中设置文本字体和字号后，在浏览器中的预览效果与网页文档中显示效果不一致的问题。

文本"属性"列表框中相关选项的含义如下。

● **color（颜色）**。单击"设置颜色"按钮▢，可以在弹出的颜色面板中用吸管工具设置文本的颜色，而单击其后灰色的文本，则可直接输入颜色值。

● **font-family（字体）**。单击灰色的文本，可在打开的下拉列表中选择文本字体。

● **font-style（字体格式）**。用于设置文本的特殊字体格式，如normal（正常）、italic（斜体）和oblique（偏斜体）等。

● **font-variant（字体变形）**。用于设置文本的字体变形方式，如normal（正常）、small-caps（小型大写字母）等。

图6-19　文本"属性"列表框

- font-weight（字体粗细）。用于设置文本的字体粗细程度，可直接输入数值，也可指定绝对粗细程度，如使用"bolder"和"lighter"值来得到比父元素文本更粗或更细的文本。
- font-size（字号）。用于设置文本的字号，可以通过选择默认字号或直接输入具体字号的方法设置文本大小。
- line-height（行高）。用于设置文本的行与行之间的距离，可直接输入行高值。
- text-align（文本对齐）。用于设置文本在水平方向上的对齐方式。
- text-decoration（文本修改）。用于设置文本的修饰效果，如none（无）、underline(下划线)、overline（上划线）、line-through（删除线）等。
- text-indent（文本缩进）。用于设置文本首行缩进的距离，它可以是负值，但某些浏览器不支持这种效果。
- h-shadow/v-shadow（水平阴影/垂直阴影）。用于设置文本的水平阴影或垂直阴影效果。
- blur（柔化）。用于设置文本阴影的模糊效果。
- text-transform（文本大小写）。用于设置英文文本的大小写形式，如capticalize（首字母大写）、uppercase（大写）和lowercase（小写）等。
- letter-spacing（字符间距）。用于调整字符之间的距离。
- word-spacing（单词间距）。用于设置字与字之间的距离。
- white-space（空格）。用于设置处理空格的方式，包括"normal"（正常）、"pre"（保留）和"nowrap"（不换行）3个选项；如果选择"normal"选项，则会将多个空格显示为一个空格；如果选择"pre"选项，则以文本本身的格式显示空格和回车符号；如果选择"nowrap"选项，则以文本本身的格式显示空格，但不显示回车符号。
- vertical-align（垂直对齐）。用于调整页面元素的垂直位置。
- list-style-position（列表位置）。用于设置列表项的换行位置，包括"inside"和"outside"两个属性值。
- list-style-image（列表图像）。用于设置以图像作为无序列表项的项目符号。
- list-style-type（列表类型）。用于决定有序和无序列表项如何显示在会识别样式的浏览器中。

2. 边框样式的属性

在"CSS设计器"面板的"属性"列表框中单击"边框"按钮，可在"属性"列表框中显示关于边框样式的属性及性值，如图6-20所示。

边框"属性"列表框中相关选项的含义如下。

- width（宽度）。用于设置边框上、右、下、左的宽度。
- style（样式）。用于设置边框样式，其中"none"（默认）属性值表示使用默认样式，"dotted"（点）属性值表示使用点边框样式，"dashed"（破折号）属性值表示使用破折号边框样式，"solid"（实线）属性值表示使用实线边框样式，"double"（双实线）

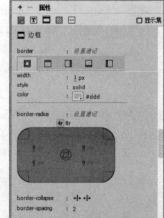

图6-20　边框"属性"列表框

属性值表示使用双实线边框样式，"groove"（凹槽）属性值表示使用凹槽边框样式，"ridge"（脊形）属性值表示使用脊形状的边框样式，"inset"（嵌入）属性值表示使用立体嵌入形状的边框样式，"outset"（外嵌）属性值表示使用立体外嵌形状的边框样式。

- color（颜色）。用于设置上、右、下、左的边框颜色。
- border-radius（边框半径）。用于设置圆角边框的半径值。
- border-collapse（边框折叠）。用于设置边框是否被合并为单一的边框，或是分开显示。
- border-spacing（边框间距）。用于指定分隔边框模型中单元格边界之间的距离；在指定的两个长度值中，第一个表示水平间距，第二个表示垂直间距；但该属性必须在应用了"border-collapse"后才能被使用，否则直接忽略该属性。

3. 背景样式的属性

在"CSS 设计器"面板的"属性"列表框中单击"背景"按钮▨，可在"属性"列表框中显示关于背景样式的属性及属性值，如图 6-21 所示。

背景"属性"列表框中相关选项的含义如下。

- background-color（背景颜色）。用于设置背景颜色。
- url（背景图像路径）。用于设置背景图像的路径，即背景图像的来源。
- gradient（渐变）。单击"设置背景图像渐变"按钮▨，在弹出的颜色面板中，可以设置背景图像的渐变效果。
- background-position（背景位置）。用于设置背景图像相对于应用样式元素的水平位置或垂直位置，其属性值可以是直接输入的准确数值，也可以选择"left"（左对齐）、"right"（右对齐）、"center"（居中对齐）和"top"（顶部对齐）选项；另外该属性可以有两个属性值，也可以有一个属性值；如果有一个属性值，则表示垂直和水平位置的偏移量；如果有两个属性值，则第一个表示水平位置的偏移量，第二个表示垂直位置的偏移量。

图6-21　"背景"属性列表框

- background-size（背景尺寸）。用于设置背景图像的尺寸。
- backgruound-clip（背景剪裁）。用于设置背景图像的绘制区域。
- background-repeat（背景重复）。用于设置背景图像的重复方式，包括"no-repeat"（不重复）、"repeat"（重复）、"repeat-x"（水平重复）和"repeat-y"（垂直重复）4个选项，如图6-22所示。

图6-22　背景图像的重复方式

- background-origin（背景原始）。用于设置背景图像的定位区域。
- background-attachment（背景固定）。用于设置背景图像是随对象内容滚动还是固定，如果选择"fixed"属性值则表示固定，如果选择"scroll"属性值则表示滚动。
- h-shadow/v-shadow（水平阴影/垂直阴影）。用于设置背景图像的水平阴影或垂直阴影效果。
- blur（柔化）。用于设置容器的模糊效果。
- spread（扩散）。用于设置容器的阴影大小效果。
- color（颜色）。用于设置容器的阴影颜色。
- inset（内嵌）。用于将容器的外部阴影效果调整为内部阴影效果。

（四）CSS过渡效果的应用

在网页中使用CSS过渡效果，可以为网页元素添加一些特殊的效果，在Dreamweaver CC 2018中，CSS过渡效果集中在"CSS过渡效果"面板中。下面将介绍新建、编辑和删除CSS过渡效果的方法。

1. 新建CSS过渡效果

在Dreamweaver CC 2018中新建CSS过渡效果的方法为：选择【窗口】/【CSS过渡效果】菜单命令，打开"CSS过渡效果"面板，单击"新建过渡效果"按钮 **+**，在打开的"新建过渡效果"对话框进行相关设置，单击 创建过渡效果(C) 按钮完成CSS过渡效果的创建，如图6-23所示，在"CSS过渡效果"面板中可查看添加的CSS过渡效果，如图6-24所示。

图6-23　"新建过渡效果"对话框　　　　　图6-24　查看添加的CSS过渡效果

"新建过渡效果"对话框中相关选项的含义如下。

- **"目标规则"下拉列表框**。用于选择当前网页中定义的选择器。
- **"过渡效果开启"下拉列表框**。用于选择需要应用过渡效果的状态，其中"hover"选项表示当鼠标指针指向目标对象时的过渡效果。
- **"对所有属性使用相同的过渡效果"下拉列表框**。用于为选择的选择器设置相同的"持续时间""延迟""计时功能"，另外还包含"对每个属性使用不同的过渡效果"选项，该选项与默认选项的作用相反。
  - **"持续时间"文本框**。用于设置过渡效果的持续时间，以 s（秒）或 ms（毫秒）为单位。
  - **"延迟"文本框**。用于设置过渡效果开始之前的时间，以 s（秒）或 ms（毫秒）为单位。

■ **"计时功能"下拉列表框**。从可用选项中选择过渡效果的样式，包括 "cubic-bezier（x1,y1,x2,y2）""ease""ease-in""ease-out""ease-in-out""linear" 6 个选项。

■ **"属性"列表框**。用于向过渡效果添加 CSS 样式属性。

■ **"结束值"文本框**。用于设置过渡效果的结束值。

● **"选择过渡的创建位置"下拉列表框**。用于设置过渡效果创建的位置，默认为当前网页文档。

2. 编辑CSS过渡效果

在 Dreamweaver CC 2018 中创建好 CSS 过渡效果后，若需要修改 CSS 过渡效果，则可使用 "CSS 过渡效果" 面板来编辑 CSS 过渡效果的属性，其方法有以下两种。

● **通过双击编辑**。在 "CSS 过渡效果" 面板中选择需要编辑的 CSS 过渡效果后双击，打开 "编辑过渡效果" 对话框，在该对话框中可以修改 CSS 过渡效果的各种属性及过渡样式。

● **通过按钮编辑**。在 "CSS 过渡效果" 面板中选择需要编辑的 CSS 过渡效果后单击 "编辑所选过渡效果" 按钮 🖉，在打开的 "编辑过渡效果" 对话框中可以编辑 CSS 过渡效果的属性及过渡样式。

3. 删除CSS过渡效果

如果不需要某个CSS过渡效果，可直接将其删除，方法为：在Dreamweaver CC 2018中的 "CSS过渡效果" 面板中选择需要删除的过渡效果，单击 "删除选定的过渡效果" 按钮 ━，在打开的 "删除过渡效果" 对话框中单击 ⬭删除⬭ 按钮，如图6-25所示。

图6-25　删除CSS过渡效果

（五）应用CSS样式

在网页中使用CSS样式，不仅可以减轻网页设计者的工作负担，还可以提高制作网页的效率。ID CSS样式、标签CSS样式及复合内容CSS样式可以自动进行样式应用，而类CSS样式，需要手动设置到网页元素上。在 "属性" 面板中应用CSS样式有以下两种方法。

1. 使用HTML "属性" 面板

选择要应用CSS样式的网页元素，在HTML "属性" 面板的 "类" 下拉列表框中选择需要应用的CSS样式，如图6-26所示。预览效果如图6-27所示。

图6-26　选择CSS样式　　　　　　　　图6-27　预览效果

2. 使用"CSS属性"面板

选择要应用CSS样式的网页元素，在"属性"面板的"目标规则"下拉列表框中选择需要应用的CSS样式，如图6-28所示。预览效果如图6-29所示。

图6-28 选择CSS样式

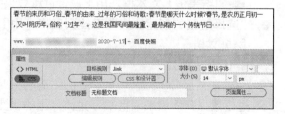

图6-29 预览效果

三、任务实施

（一）创建CSS样式

下面将在打开的网页文档中创建CSS样式，以美化页面，具体操作如下。

（1）在Dreamweaver CC 2018中打开"show.html"网页文档，如图6-30所示。

（2）选择【窗口】/【CSS设计器】菜单命令，在打开的"CSS设计器"面板中的"源"列表框中单击"添加CSS源"按钮➕，在打开的下拉列表中选择"在页面中定义"选项，创建CSS样式"<style>"。在"选择器"列表框中单击"添加选择器"按钮➕，创建"tr td p"标签，在该标签"属性"列表框中单击T按钮，分别设置"color""font-family""font-size""text-align""text-indent"为"#5A5A5A""楷体""18px""居左""28pt"，如图6-31所示。

图6-30 打开网页文件

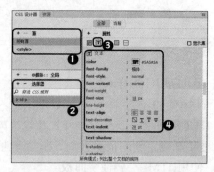

图6-31 设置"tr td p"标签的属性

（3）在"选择器"列表框中单击"添加选择器"按钮➕创建".title_l"类，在该类的"属性"列表框中单击T按钮，分别设置"color""font-family""font-size"为"#F3AB0F""方正琥珀简体""28px"，如图6-32所示。

（4）单击"添加选择器"按钮➕创建".title_r"类，在该类的"属性"列表框中单击T按钮，分别设置"color""font-family""font-size"为"#312C5A""黑体，楷体，隶书，宋体，...""28px"，如图6-33所示。

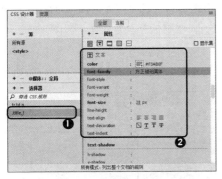

图6-32 设置".title_l"类的属性

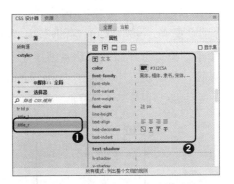

图6-33 设置".title_r"类的属性

（5）单击"添加选择器"按钮 + 创建".title_2"类，在该类的"属性"列表框中单击 T 按钮，分别设置"color""font-size"为"#5C4FCF""18px"，如图6-34所示。

（6）单击"添加选择器"按钮 + 创建".title_3"类，在该类的"属性"列表框中单击 T 按钮，分别设置"color""font-family""font-size""text-align""text-decoration"为"#312C5A""方正琥珀简体""28px""居中""下划线"，如图 6-35 所示。

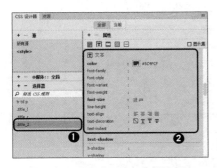

图6-34 设置".title_2"类的属性

图6-35 设置".title_3"类的属性

（7）单击"添加选择器"按钮 + 创建".title_4"类，在该类的"属性"列表框中单击 T 按钮，分别设置"color""font-family""font-size""text-align""text-decoration"为"#5C4FCF""黑体""20px""齐行""none"，如图6-36所示。

（8）单击"添加选择器"按钮 + 创建"a:link"复合内容，在其"属性"列表框中单击 T 按钮，分别设置"color""font-family""font-size""text-decoration"为"#FFFFFF""黑体""24px""none"，如图 6-37 所示。

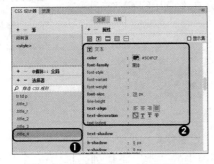

图6-36 设置".title_4"类的属性

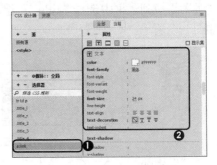

图6-37 设置"a:link"的属性

（9）单击"添加选择器"按钮 + 创建"a:hover"复合内容，在其"属性"列表框中单击 T 按钮，
分别设置"color""font-family"为"#C9FF83""黑体"，如图6-38所示。

（10）单击"添加选择器"按钮 + 创建"a:visited"复合内容，在其"属性"列表框中单击 T
按钮，分别设置"color""font-family"为"#0DED6C""黑体"，如图6-39所示。

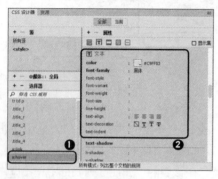
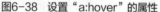

图6-38　设置"a:hover"的属性

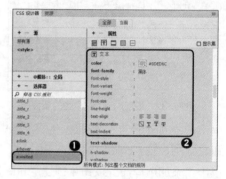

图6-39　设置"a:visited"的属性

（11）单击"添加选择器"按钮 + 创建".td"类，在该类的"属性"列表框中单击 按钮，
设置"background-color"为"#F3AB0F"，如图6-40所示。

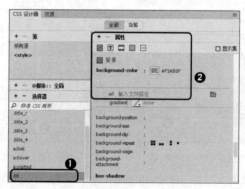

图6-40　设置".td"类的属性

（二）应用CSS样式

下面应用创建好的CSS样式，对页面中的文本进行美化，具体操作
如下。

微课视频

应用CSS样式

（1）在设计视图中选择"圈粉"文本，在HTML"属性"面板中的
"类"下拉列表框中选择"title_l"选项，为文本应用CSS样式，
如图6-41所示。

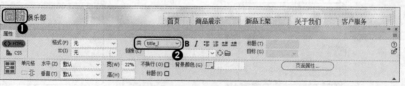

图6-41　应用"title_l"类样式

（2）选择"俱乐部"文本，在HTML"属性"面板中的"类"下拉列表框中选择"title_r"
选项，如图6-42所示。

图6-42 应用"title_r"类样式

（3）将插入点定位到任意菜单单元格中，在HTML"属性"面板中的"类"下拉列表框中选择"td"选项，为该菜单单元格设置背景样式。使用相同的方法，为其他菜单单元格设置背景样式，如图6-43所示。

图6-43 设置菜单单元格背景样式

（4）选择"客户服务"菜单文本，在HTML"属性"面板中的"链接"文本框中输入"#"，为菜单设置超链接，如图6-44所示。使用相同的方法，为其他菜单文本设置超链接。

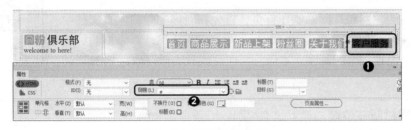

图6-44 设置菜单超链接

（5）选择"'圈粉'商务网简介"文本，在CSS"属性"面板中的"目标规则"下拉列表框中选择".title_3"选项，如图6-45所示。

图6-45 设置标题样式

（6）选择"网站简介"文本，在CSS"属性"面板中的"目标规则"下拉列框中选择"title_4"选项，如图6-46所示。

图6-46 设置栏目标题样式

（7）使用相同的方法，设置其他栏目标题的样式，完成后的效果如图6-47所示。

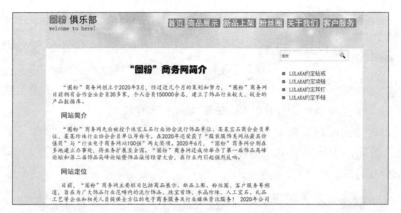

图6-47　设置其他栏目标题样式

任务二　制作"圈粉"网站首页

Div+CSS布局是网页设计中常用的布局方式，使用该布局方式可以避免网页结构呆板、样式简单的问题。

一、任务目标

本任务为"圈粉"网站制作首页，首先在新建的空白网页文档中插入Div进行网页布局，然后为Div标签添加CSS样式，对添加的标签进行定位并设置相应的属性。本任务制作完成后的最终效果如图6-48所示。

高清彩图

"圈粉"网站首页

素材所在位置	素材文件\项目六\任务二\image\
效果所在位置	效果文件\项目六\任务二\index.html

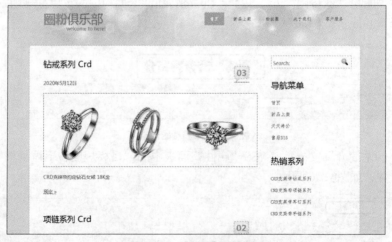

图6-48　"圈粉"网站首页

二、相关知识

Div+CSS布局是网页布局的常用方式，与HTML中表格（table）布局不同的是，Div承载的是网页的结构，CSS则对网页的布局、元素等进行精确控制。Div+CSS布局很好地实现了网页结构和表现的结合。

（一）认识Div

Div（Divsion）也可以称为容器，在Dreamweaver CC 2018中使用Div与使用HTML标签相同。

1. 插入Div

可以使用Div创建CSS布局块并在网页文档中对它们进行定位。将包含定位样式的现有CSS样式附加到网页文档中是非常有用的。

在Dreamweaver CC 2018中能够快速地插入Div并为它应用现有的CSS样式，方法为：将插入点定位到文档窗口中要插入Div的位置，选择【插入】/【HTML】/【Div】菜单命令或者在"插入"面板的"HTML"列表中单击"Div"按钮 <> Div，在打开的"插入Div"对话框中设置"插入""Class""ID"，单击 确定 按钮，如图6-49所示。

图6-49　插入Div

"插入Div"对话框中相关选项的含义如下。

● **"插入"下拉列表框**。用于选择Div的位置或标签名称。
● **"Class"下拉列表框**。用于显示或输入当前应用标签的类样式。
● **"ID"下拉列表框**。用于选择或输入Div的ID属性。
● 新建CSS规则 **按钮**。单击该按钮，可以打开"新建CSS规则"对话框，为插入的Div创建CSS样式。

2. 编辑Div

插入Div之后，可以使用"CSS设计器"面板查看和编辑Div的CSS规则，如图6-50所示，也可以在Div中添加内容，方法为：将插入点定位到Div中，然后直接插入文本、图像等网页元素。

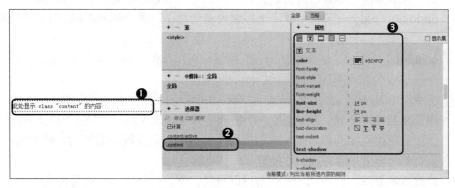

图6-50　编辑Div的CSS规则

（二）认识盒子模型

盒子模型是Div+CSS布局的通俗说法，它将每个Div当作一个可以装东西的盒子，盒子里面的内容到盒子边框之间的距离为填充（padding），盒子本身有边框（border），盒子边框与其他盒子之间的距离为边界（margin）。每个边框（或边界）又可分为上、下、左、右4个属性值，如"margin-bottom"表示盒子的下边界属性，"background-image"表示背景图像属性。在设置Div大小时需要注意，CSS中的宽和高是指填充以内的内容范围，即一个Div的实际宽度为"左边界+左边框+左填充+内容宽度+右填充+右边框+右边界"的值，实际高度为"上边界+上边框+上填充+内容高度+下填充+下边框+下边界"的值。盒子模型是Div+CSS布局中非常重要的概念，只有掌握了盒子模型和其中每个元素的使用方法，才能正确布局网页中各个元素的位置。

盒子模型是根据CSS规则中的margin（边界）、border（边框）、padding（填充）、content（内容）来建立网页布局的一种方法，图6-51所示为一个标准的Div+CSS布局结构，左侧及上方为代码，右侧为效果图。

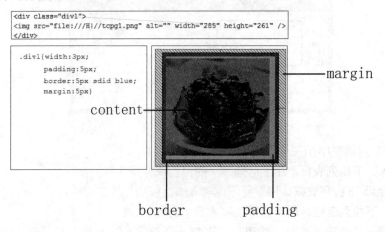

图6-51　Div+CSS布局

Div+CSS布局中相关选项介绍如下。

● **margin**。margin区域主要用于控制盒子与其他盒子或对象的距离，图6-51中最外层的右斜线区域即为margin区域。

● **border**。border区域主要用于控制盒子的边框，这个区域是可见的，因此可对其样式、粗细和颜色等属性进行设置，图6-51中的深色边框即为border区域。

● **padding**。padding区域主要用于控制内容与盒子边框之间的距离，图6-51中的左斜线区域即为padding区域。

● **content**。content区域即添加内容的区域，可添加的内容包括文本、图像及动画等，图6-51中内部的图片区域即为content区域。

盒子模型利用Div+CSS对网页布局，它有许多优势，下面分别进行介绍。

● **网页加载速度更快**。Div像是一个松散的盒子，使用Div+CSS布局的网页，可以一边加载一边显示网页内容，有效提高了网页的加载速度，而使用表格布局的网页必须将整个表格加载完成后才能显示网页内容。

● **修改效率更高**。使用Div+CSS布局网页时，网页的外观与结构是分离的，当需要修改网页的外观时，只需要修改CSS规则即可。

● **搜索引擎更容易检索**。由于使用Div+CSS布局的网页的外观与结构是分离的，搜索引擎检索这种结构的网页时，可以不考虑结构而只关注内容，因此这种网页更容易检索。

● **站点更容易被访问**。使用Div+CSS布局网页，可使站点更容易被浏览器和用户访问。

（三）Div+CSS定位

定位是网页设计的难点，不准确的定位可能影响网页效果的实现。要正确使用Div+CSS定位，需要了解如下4个方面的内容。

1. 块模型

这里所说的块模型即前面介绍的CSS盒子模式。

2. 文档流模型

文档流模型是指网页元素在网页文档中位置顺序的排列方式，一般遵循自上而下（块元素）、从左至右（行内元素）的规则。在CSS的定义中，有的HTML标签被浏览器当成一个块来显示，如<div>、<table>、<p>、<ul>等，称为块元素；有的HTML标签被浏览器显示在文本行之内，如<a>、<span>、<font>等，称为行内元素。所有的块元素是按照它们出现在网页文档中的先后顺序排列的，每一个块元素都会出现在上个一块元素的下面，如图6-52所示。

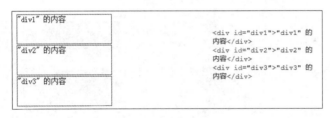

图6-52　文档流模型

3. 相对定位模型和绝对定位模型

在文档流模型中，每个块元素都会被安排到文档流中的一个位置，用户可以通过CSS中的定位属性来重新安排它的位置。定位分为相对定位和绝对定位，相对定位是指该块元素在文档流中的位置，如可以使用相对定位把"div2"放到"div1"的右侧，如图6-53所示。绝对定位使元素的位置与文档流无关，因此不占据空间。

图6-53　相对定位模型

4. 浮动模型和清除模型

浮动（float）模型可以在行空间足够的情况下，通过float属性定义块元素的位置，使其不再单独占用一行固定显示，而是可以紧接着上一个块元素之后并排显示，如图6-54所示。清除（clear）模型用于清除块元素的浮动效果，这个规则只能影响使用清除模型的块元素本身，不能影响其他块元素。

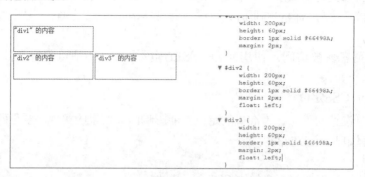

图6-54　浮动模型

（四）使用"CSS 设计器"布局网页

使用Div+CSS布局网页时，既可以在代码视图中直接输入代码，也可以通过"CSS 设计器"面板快速布局网页。

在"CSS设计器"面板的"属性"列表框中单击"布局"按钮▦，"属性"列表框中将显示关于"布局"的属性及属性值，如图6-55所示。

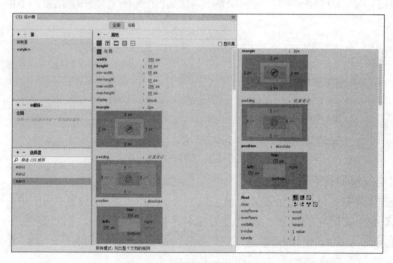

图6-55　布局"属性"列表框

布局"属性"列表框中相关选项的含义如下。

● width（**宽度**）。用于设置元素的宽度，默认情况下，其宽度为"auto"（表示浏览器自动控制元素宽度），也可以直接输入数值；在设置宽度时，可在右侧的下拉列表框中选择数值的单位。

● height（**高度**）。用于设置元素的高度，其操作方法与"width"类似。

● min-width（**最小宽度**）。用于设置元素的最小宽度，即元素的宽度可以比指定值大，但不能小于指定值。

● min-height（**最小高度**）。用于设置元素的最小高度，即元素的高度可以比指定值大，但不能小于指定值。

● max-width（**最大宽度**）。与"min-width"相反，用于设置元素的最大宽度，即元素的宽度不能超过最大宽度，但可以小于最大宽度。

- max-height（最大高度）。与"min-height"相反，用于设置元素的最大高度，即元素的高度不能超过最大高度，但可以小于最大高度。

- display（显示）。用于设置元素的显示格式。

- margin（边界）。用于设置元素边界与其他元素边界的间距，同样可以在"margin"下方的图形四周直接输入间距值，设置上、下、左、右的间距，然后在各间距位置选择相应的单位，其单位一般为px（像素）。

- padding（填充）。用于设置填充元素内容与其他元素内容的间距，同样可以在"padding"下方的图形四周直接输入填充间距的值，设置上、下、左、右填充间距，然后在各间距位置选择相应的单位，其单位一般为px(像素)。

- position（位置）。用于设置元素定位的方式，其中"static"（静态）表示应用常规的HTML布局和定位规则，且由浏览器决定元素的左边缘或上边缘的位置，"relative"（相对）表示相对于整个网页文档的边框进行元素定位，可借助"top""bottom""left""right"设置元素的具体位置，"absolute"（绝对）表示相对于包含该元素的上一级元素进行定位，同样可借助"top""bottom""left""right"设置元素的具体位置，但要随上一级元素位置的移动而移动，"fixed"（固定）表示元素相对于其显示的页面或窗口进行定位。

- float（浮动）。用于设置元素的浮动方式。

- clear（清除）。用于清除元素的浮动。

- overflow-x/overflow-y（水平溢出/垂直溢出）。用于设置层的内容超出层大小时的处理方式，其中"visible"（可见）表示使层向右下方扩展的所有内容都可见，"hidden"（隐藏）表示保持层的大小并隐藏任何超出层的内容，"scroll"（滚动）表示在层中添加滚动条，不论内容是否超出层的大小，"auto"（自动）表示当层的内容超出层的大小时，显示滚动条。

- visibility（显示）。用于设置元素的初始位置，其中"Inherit"（继承）表示继承父层的可见性属性，如果没有父层，则属性可见，"visible"（可见）表示设置显示层的内容；"hidden"（隐藏）表示不管分层的父级元素是否可见，都将隐藏层的内容。

- z-index（Z轴）。用于设置层的堆叠顺序，编号较大的层显示在编号较小的层的上面。

- opacity（透明）。用于设置元素的透明度，如果"opacity"为1，则表示该元素是完全不透明的，如果"opacity"为0，则表示该元素是完全透明的。

三、任务实施

（一）创建CSS文件

本任务将使用"CSS设计器"创建CSS文件，并通过代码视图编号用于布局和美化页面的代码，具体操作如下。

微课视频

创建 CSS 文件

（1）在Dreamweaver CC 2018中新建一个HTML5类型的空白网页文档，并命名为"index.html"。

（2）在"CSS设计器"面板中的"源"列表框中单击"添加CSS源"按钮 +，在打开的下拉列表中选择"创建新的CSS文件"选项，如图6-56所示。在打开的"创建新的CSS文

件"对话框中设置"文件/URL"为"css"，选中"链接"单选按钮，单击 确定 按钮
关闭对话框，如图6-57所示。

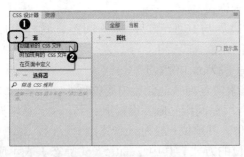

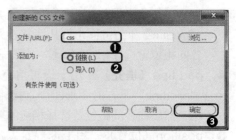

图6-56 新建html文档 　　　　　图6-57 创建新的CSS文件

（3）在"选择器"列表框中单击"添加选择器"按钮 ✚，在激活的文本框中输入"body"
在"属性"列表框中分别设置"body"标签的"width""margin""padding""color"属
性为"100%""0""0""#959595"，设置"font"为"normal 14px/1.8em "仿宋""，
设置"background"为"#f5f1e6 url(image/main_bg.gif) repeat-y center center"，如
图6-58所示。

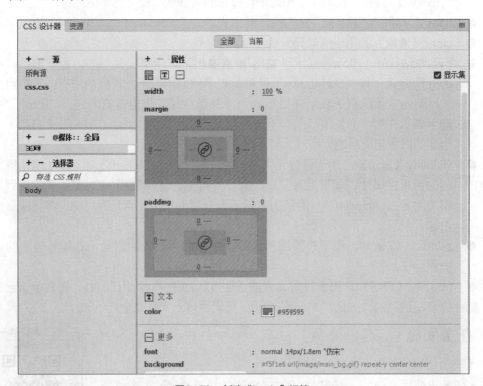

图6-58 创建"body"标签

> **多学一招**
>
> **选择器属性**
>
> 　　对CSS的语法比较熟悉后，可在代码视图中为标签、类等选择器直接添加属
> 性代码，如这里的"font"标签属性，包括大小、行距、字体等。

（4）在代码视图中输入用于布局和页面美化的类等选择器的属性代码，如图6-59所示。

```
10   .main { background:url(image/top_bg.jpg) no-repeat center top;}
11   .clr { clear:both; padding:0; margin:0; width:100%; font-size:0px; line-height:0px;}
12   .logo { padding:12px 0 0 40px; float:left; width:auto;}
13   h1 { margin:0; padding:16px 0 0; color:#fac011; font:bold 36px/1.2em 微软雅黑, sans-serif; letter-spacing:-1px;}
14   h1 span { color:#b3b3b3; font-weight:normal;}
15   h1 a, h1 a:hover { color:#fac011; text-decoration:none;}
16   h1 small { display:block; padding-left:68px; font:normal 14px/1.2em 微软雅黑, sans-serif; color:#b3b3b3; letter-spacing:normal;}
17   h2 { font:normal 24px/1.5em 微软雅黑, sans-serif; padding:8px 0; margin:8px 0; color:#323a3f;}
18   p { margin:8px 0px; padding:0 0 8px 0; font:normal 14px/1.8em 微软雅黑, sans-serif;}
19   p.spec { text-align:left;}
20   a { color: #daa520; text-decoration:underline;}
21   a.com { display:block; position:relative; top:40px; padding:7px 0 15px; float:right; width:44px; font:bold 24px/1em 微软雅黑, sans-
     serif; color:#fac011; text-decoration:none; text-align:center; background:#f00 url(image/comment_bg.gif) no-repeat left top;}
22   .header, .content, .menu_nav, .fbg, .footer, form, ol, ol li, ul, .content .mainbar, .content .sidebar { margin:0; padding:0;}
```

图6-59   布局和页面美化的属性代码

（5）输入用于页面顶部布局的".header"类属性代码，如图6-60所示。

```
24      /* header */
25      .header { }
26      .header_resize { margin:0 auto; padding:24px 0 16px; width:970px;}
```

图6-60   顶部布局的属性代码

（6）输入用于页面中间内容布局的".content"类和列表美化的<ul>标签的属性代码，如图6-61所示。

```
35   /* content */
36   .content_resize { margin:0 auto; padding:24px 0; width:970px;}
37   .content .mainbar { margin:0; padding:0; float:left; width:670px;}
38   .content .mainbar img { padding:4px; border:1px solid #b7b7b7;}
39   .content .mainbar img.fl { margin:4px 16px 4px 0; float:left;}
40   .content .mainbar .article { margin:0; padding:8px 24px 8px 40px;}
41   .content .sidebar { padding:0; float:right; width:300px;}
42   .content .sidebar .gadget { margin:0; padding:8px 16px 8px 40px;}
43   ul.sb_menu, ul.ex_menu { margin:0; padding:0; list-style:none; color:#959595;}
44   ul.sb_menu li, ul.ex_menu li { margin:0;}
45   ul.sb_menu li { padding:4px 0; width:220px;}
46   ul.ex_menu li { padding:4px 0;}
47   ul.sb_menu li a, ul.ex_menu li a { color:#959595; text-decoration:none; margin-left:-12px; padding-left:12px;}
48   ul.sb_menu li a:hover, ul.ex_menu li a:hover { color:#fac011; font-weight:bold;}
49   ul.sb_menu li a:hover { text-decoration:underline;}
50   ul.ex_menu li a:hover { text-decoration:none;}
51   .content p.pages { padding:0 24px 0 40px; font-size:11px; color:#959595; text-align:right;}
52   .content p.pages span, .content p.pages a:hover { padding:5px 10px; color:#fff; background-color:#fac011; border:1px solid #fac011;}
53   .content p.pages a { padding:5px 10px; color:#959595; background-color:#fff; border:1px solid #fac011; text-decoration:none;}
54   .content p.pages small { font-size:11px; float:left;}
```

图6-61   中间内容布局和列表美化的属性代码

（7）输入用于页面底部布局的".footer"类和列表 <ul> 标签的属性代码，如图 6-62 所示。

```
57   /* footer */
58   .footer { background-color:#f5f1e6;}
59   .footer_resize { margin:0 auto; padding:24px 40px; width:890px; border-top:1px solid #f1ede2;}
60   .footer p.lf { margin:0; padding:4px 0; float:right; width:auto; line-height:1.5em; color:#959595;}
61   .footer p.lf a { color: #666666;}
62   ul.fmenu { margin:0; padding:2px 0; list-style:none; float:left; width:auto;}
63   ul.fmenu li { margin:0; padding:0 24px 0 0; float:left;}
64   ul.fmenu li a { color:#959595; text-decoration:none; padding:16px 0;}
65   ul.fmenu li a:hover, ul.fmenu li.active a { color:#fac011;}
66   ul.fmenu li a:hover { text-decoration:underline;}
```

图6-62   底部布局的属性代码

（8）输入为页面顶部添加用于菜单列表样式的 CSS 代码，如图 6-63 所示。

```
28   /* menu */
29   .menu_nav { float:right; margin:0; padding:32px 24px 0; height:65px;}
30   .menu_nav ul { list-style:none;}
31   .menu_nav ul li { margin:0 10px 0 0; padding:0; float:left;}
32   .menu_nav ul li a { display:block; margin:0; padding:6px 16px; color:#959595; text-decoration:none; font-size:13px;}
33   .menu_nav ul li.active a, .menu_nav ul li a:hover { color:#fff; background-color:#fed14a;}
```

图6-63   菜单列表样式代码

（9）输入为页面中间内容搜索部分添加布局和美化的属性代码，如图 6-64 所示。

```
69   /* search */
70   .searchform { float:left;}
71   #formsearch { margin:0; height:36px; padding:12px 0 36px 40px;}
72   #formsearch span { display:block; margin:6px 0; padding:0px; float:left; background:#fff url(image/search.gif) no-repeat top left;}
73   #formsearch input.editbox_search { margin:0; padding:11px 6px 10px; float:left; width:181px; border:none; background:none;
     font:normal 14px/1.5em 微软雅黑, sans-serif; color:#a8acb2;}
74   #formsearch input.button_search { margin:8px 0 0 0; padding:0; border:none; float:left;}
```

图6-64   搜索部分布局和美化属性代码

（二）使用Div+CSS布局页面

下面在页面中使用Div+CSS布局并美化页面，具体操作如下。

（1）在代码视图中将插入点定位在\<body>标签中，选择【插入】/【HTML】/【Div】菜单命令，打开"插入Div"对话框。在"插入"下列表框中选择"在插入点"选项，在"Class"下拉列表框中选择"main"选项，单击 确定 按钮插入Div，如图6-65所示。

（2）在main的\<div>标签中插入3个Div，分别定义class为"header""content""footer"，如图6-66所示。

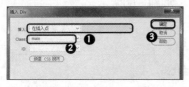

图6-65　设置Div的CSS类　　　　　图6-66　为页面插入Div

（3）在header的\<div>标签中插入一个Div，将class定义为"header_resize"，在header-resize的\<div>标签中插入一个Div，在HTML"属性"面板中设置"类"为"logo"，输入超链接文本"圈粉俱乐部"和"welcome to here!"并分别应用CSS样式，效果如图6-67所示。

图6-67　添加logo标签和文本

（4）在header的\<div>标签中插入一个Div，将class定义为"menu_nav"，插入一个ul项目，并添加菜单项目列表，选择"主页"文本，在HTML"属性"面板中设置"类"为"active"，如图6-68所示。

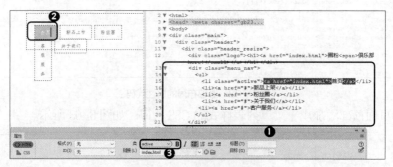

图6-68　添加菜单项目列表

（5）在header的\<div>标签中插入一个Div，将class定义为"clr"，用于清除前面定义的float属性，便于后面的Div紧接上一个Div居左对齐，如图6-69所示。

（6）将插入点定位到content的\<div>标签中，插入一个Div，将class定义为"content_resize"，在content-resize的\<div>标签中插入一个Div，将class定义为"mainbar"，然后在mainbar的\<div>标签中插入一个Div，将class定义为"article"，最后输入超链接文本"03"，效果如图6-70所示。

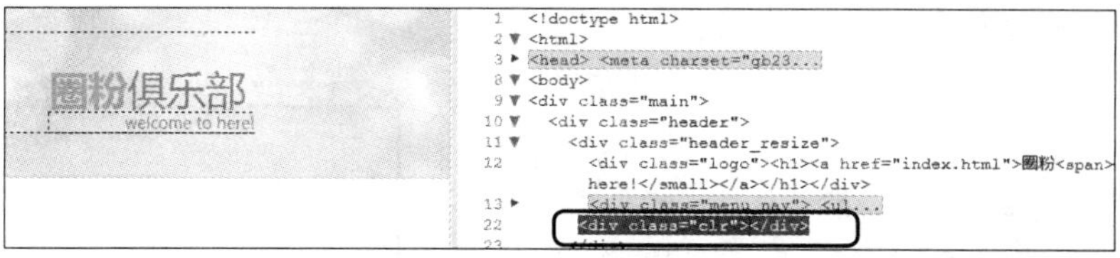

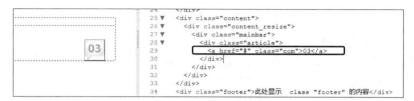

图6-69　插入clr <div>标签

图6-70　插入并布局文本

（7）插入文本并设置CSS属性，在日期文本之前插入一个Div，并将class定义为"clr"，效果如图6-71所示。

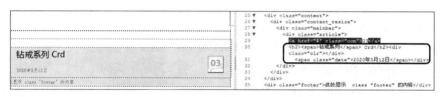

图6-71　插入文本并设置CSS属性

（8）在clr的<div>标签中插入一个<p>标签，然后插入"zj.jpg"文件，在"属性"面板中设置"类"为"article"，效果如图6-72所示。

图6-72　插入图像

（9）在clr的<div>标签中插入一个<p>标签，然后插入文本和超链接文本，并设置超链接文本的class为"spec"，效果如图6-73所示。

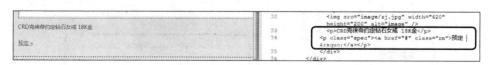

图6-73　插入文本和超链接文本

（10）选择article的<div>标签中的所有代码，按【Ctrl+C】组合键复制代码，将插入点定位到</div>结束标签之后，按【Ctrl+V】组合键粘贴代码，修改"戒指"为"项链"，修改"03"为"02"，修改"image/zj.jpg"为"image/xl.jpg"，效果如图6-74所示。

137

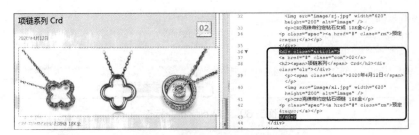

图6-74　复制粘贴代码并修改内容1

（11）用相同的方法复制article的<div>标签中的所有代码，修改"项链"为"耳钉"，修改"02"为"01"，修改"image/zj.jpg"为"image/ed.jpg"，效果如图6-75所示。

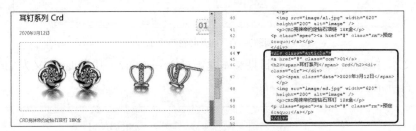

图6-75　复制粘贴代码并修改内容2

（12）在article的<div>标签之后插入一个<p>标签，将"Class"定义为"pages"，然后输入超链接文本，效果如图6-76所示。

图6-76　添加页码文本

（13）在mainbar的<div>标签之后插入一个Div，将class定义为"sidebar"，在该标签中插入一个Div，将class定义为"searchform"，输入图6-77所示的代码。

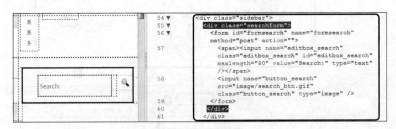

图6-77　添加布局搜索表单的代码

（14）在searchform的<div>标签之后插入一个Div，将class定义为"gadget"，然后在该标签中插入一个菜单项目列表，为菜单项目列表添加超链接文本，效果如图6-78所示。

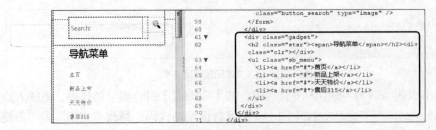

图6-78　添加菜单项目列表

（15）将gadget的<div>标签代码复制到该标签之后，然后修改文本内容，效果如图6-79所示。在该标签后输入代码"<div class="clr"></div>"。

图6-79　复制菜单列表

（16）将插入点定位到footer的<div>标签中，插入一个Div，将class定义为"footer_resize"，布局底部菜单列表和网站信息文本，选择"主页"文本，将class定义为"active"，表示活动状态，代码如图6-80所示。

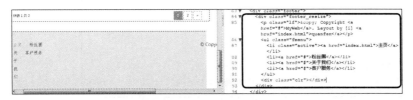

图6-80　添加页脚内容

（17）在实时视图中预览网页效果，如图6-81所示。

图6-81　预览网页效果

实训一　美化"车友会年会活动"网页

【实训要求】

　　美化"车友会年会活动"网页，要求使用CSS定义文本样式，通过本实训掌握使用CSS美化网页的方法。

【实训思路】

　　在打开的素材网页中创建CSS，并应用CSS样式对网页中的文本进行美化。本实训的参考效果如图6-82所示。

图6-82 "车友会年会活动"网页

素材所在位置 素材文件\项目六\实训一\advert.html
效果所在位置 效果文件\项目六\实训一\advert.html

【步骤提示】

（1）打开"advert.html"网页文档，在"CSS设计器"中新建基于页面定义的CSS。

美化"车友会年会活动"网页

（2）新建"title"类、"title_1"类和"title_2"类，设置"title"类的"color""font-family""size""align"分别为"#312C5A""方正琥珀简体""28px""center"，"tiltle_1"类的"color""font-family""size"分别为"#312C5A""黑体""20px"，"title_2"类的"color""font-family""size""align"分别为"#5A5A5A""仿宋""20px""right"。

（3）新建超链接"a:link"，分别设置"color""font-family""size""decoration"为"#5A5A5A""黑体""18px""none"。

（4）新建"ol li"标签，分别设置"color""font-family"为"#312C5A""华为新魏"。新建"p"标签，分别设置"color""font-family""size""line-height""text-indent"为"#5A5A5A""仿宋""16px""1.5em""28px"。

（5）在设计视图中分别选择主标题和副标题文本，在HTML"属性"面板中选择对应的类，为文本应用CSS样式。

（6）选择最后一行日期文本，在HTML"属性"面板中设置"类"为"title_2"。

实训二　布局"爱尚汽车"首页

【实训要求】

布局"爱尚汽车"网站首页，通过本实训练习创建CSS文件的方法，结合Div对页面进行布局和美化。

【实训思路】

首先创建一个空白网页文档，并创建链接方式的CSS文件，然后输入CSS样式代码，最后在网页中应用Div+CSS布局网页和添加内容。本实训的最终参考效果如图6-83所示。

"爱尚汽车"网站首页

图6-83　"爱尚汽车"网站首页

素材所在位置　素材文件\项目六\实训二\image\
效果所在位置　效果文件\项目六\实训二\indcar.html

【步骤提示】

（1）创建一个名为"indcar.html"的网页文档，通过"CSS设计器"面板创建"css.css"文件。

（2）在CSS文件中设置"body""h2""p""a"等标签的文本、位置，创建"clr"类，并清除float和设置布局样式。

（3）创建header、main、footer3个ID样式，并分别设置其布局。

（4）为菜单列表ul定义样式，创建布局各部分内容的类样式。

（5）在页面中插入Div，并通过CSS样式进行布局，然后添加图像和文本。

（6）完成后保存并预览网页效果。

微课视频
布局"爱尚汽车"首页

常见疑难解析

问　在插入Div时，"新建CSS规则"对话框有什么用？

答　"新建CSS规则"对话框主要用来定义CSS的类型、选择器名称，以及CSS规则的引用位置，如图6-84所示。当定义好CSS类型和选择器名称后，还会打开"Div的CSS规则定义"对话框，该对话框中的所有选项设置都与"CSS设计器"面板中的相同。

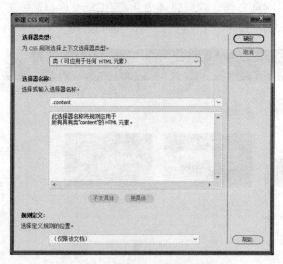

图6-84　"新建CSS规则"对话框

问　为什么制作好的网页在浏览器中显示的位置不正确？

答　采用Div+CSS布局网页需要注意浏览器的兼容问题。在IE5.5版本之前的浏览器中，盒子的"width"为元素的内容、填充和边框三者之和，IE6版本之后的浏览器则按照前面介绍的方式计算"width"。这也是许多使用Div+CSS布局的网页在浏览器中显示不同效果的原因。

拓展知识——HTML5 结构元素

在 Dreamweaver CC 2018 中，不仅可以单独插入 Div，还可以使用 HTML5 元素插入有结构的 Div，即 HTML5 结构元素，包括画布、页眉、标题、段落、导航、侧边、文章、章节、页脚和图等。

● **画布（<canvas> 标签）**：画布是一个动态的图形容器，在其中可以绘制路径、矩形、圆形、字符和添加图像等，并且画布包含 ID、高度（height）和宽度（width）等。

● **页眉（<header> 标签）**：主要用于定义网页文档的页眉，在网页文档中表现为信息介绍部分。

● **标题（<hgroup> 标签）**：标题通常结合 h1 ~ h6 元素作为整个网页或内容块的标题，并且在 <hgroup> 标签中还包含了 <section> 标签，它表示标题下方的章、节。

● **段落（<P> 标签）**：主要用于定义网页中文字的段落。

● **导航（ 标签）**：主要用于定义网页的导航链接部分。

- 侧边（<aside> 标签）：主要用于定义文章（article）以外的内容，并且侧边的内容应该与文章中的内容相关。
- 文章（<article> 标签）：主要用于定义独立的内容，如论坛帖子、博客条目，以及用户评论等。
- 章节（<section> 标签）：主要用来定义网页文档中的各个章节或区段，如章节或网页文档中的其他部分。
- 页脚（<footer> 标签）：主要用来定义网页文档的页脚内容，如版权信息。
- 图（<figure> 标签）：主要用来规定独立的流内容，如图像、图表、照片或代码等，并且图的内容应与主内容相关，如果图被删除，也不会影响文档流；另外，还可使用 <figcaption> 标签来定义该元素的标题。

HTML5 结构元素的插入方法与 Div 的插入方法完全相同，图 6-85 所示为使用 HTML5 结构元素布局网页的一个示意图。

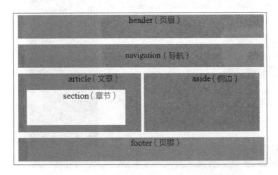

图6-85　使用HTML5结构元素布局网页示意图

课后练习

（1）制作"蓉锦大学招生就业"网页。首先新建一个网页文档、创建CSS样式，然后应用 Div+CSS进行网页布局，完成后的最终效果如图6-86所示。

图6-86　"蓉锦大学招生就业"网页

素材所在位置	素材文件\项目六\练习一\img\
效果所在位置	效果文件\项目六\练习一\rjdx_zsjy.html

（2）制作"散文诗歌"网页。首先新建一个空白网页文档，并创建CSS样式表，再应用
Div+CSS进行网页布局，完成后的最终效果如图6-87所示。

素材所在位置	素材文件\项目六\练习二\iamges\
效果所在位置	效果文件\项目六\练习二\style.html

图6-87　"散文诗歌"网页

项目七

使用jQuery UI、模板和库

07

情景导入

米拉问老洪："在有些网页的某些区域中单击按钮可以切换区域内的内容，这个是怎么做出来的呀？"老洪说："这是使用Dreamweaver CC 2018中的jQuery UI做出的手风琴效果。"老洪继续说："除了使用jQuery UI制作标签、滑动条和会话等页面效果外，使用模板和库制作页面效果也是不错的选择。"

学习目标

- 掌握jQuery UI的使用方法
  如Accordion（手风琴）、Tabs（标签）、Slider（滑动条）、Dialog（会话）、Progressbar（进度条）等。

- 掌握模板的应用
  如模板的创建、编辑、应用等。
- 掌握库的应用
  如认识库、操作库项目、应用库项目等。

案例展示

▲ "圈粉"网站栏目网页

▲ "圈粉"网站商品页面

任务一 创建"圈粉"网站栏目网页

jQuery UI 是一个建立在 jQuery JavaScript 库基础上的元素和交互库，使用它可以创建高度交互的 Web 应用程序。下面介绍在Dreamweaver CC 2018中使用jQuery UI的部件布局创建特殊效果网页的方法。

一、任务目标

练习使用Dreamweaver CC 2018创建"圈粉"网站栏目网页。在制作时可以先创建一个空白网页，然后在网页中插入jQuery UI部件制作栏目，本任务完成后的效果如图7-1所示。

"圈粉"网站栏目网页效果

 素材所在位置 素材文件\项目七\任务一\image\
效果所在位置 效果文件\项目七\任务一\pram.html

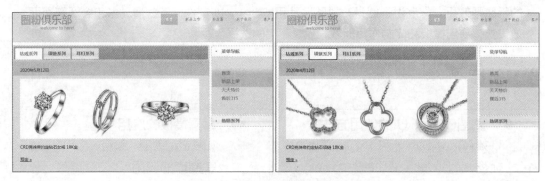

图7-1 "圈粉"网站栏目网页效果

二、相关知识

Dreamweaver CC 2018的 jQuery UI部件包含Div，使用jQuery UI中的Div，可直接在网页中添加预定的布局效果，如Accordion（手风琴）、Tabs（标签）、Slider（滑动条）、Dialog（会话）及Progressbar（进度条）等，下面分别进行介绍。

（一）Accordion（手风琴）

jQuery UI Accordion是一个由多个面板组成的手风琴小器件，使用该元素可以实现展开或折叠效果。

1. 插入Accordion

选择【插入】/【jQuery UI】/【Accordion】菜单命令，或者在"插入"面板的"jQuery UI"列表下单击"Accordion"按钮 Accordion，即可插入Accordion。选择整个Accordion，在"属性"面板中显示了Accordion的相关属性，如图7-2所示。

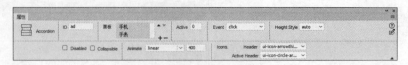

图7-2 Accordion"属性"面板

Accordion"属性"面板相关选项的含义如下。

- **"ID"文本框**。用于设置 Accordion 的名称，以便在脚本中引用。
- **"面板"列表框**。用于显示当前存在的面板，可以单击"在列表中向上移动面板"按钮▲、"在列表中向下移动面板"按钮▼、"添加面板"按钮➕和"删除面板"按钮➖，在"面板"列表框中移动、添加、删除面板。
- **"Active"文本框**。用于设置面板中的默认选项，默认值是 0，表示面板中的第一个选项。
- **"Event"下拉列表框**。用于设置使用何种方式展开面板，默认方式是单击，即"click"，也可以设置为在鼠标指针经过时展开面板，即"mouseover"。
- **"Height Style"下拉列表框**。用于设置面板内容的位置，默认为最高内容的高度，同样也可以设置为居中，即"content"，或填充整个内容，即"fill"。
- **"Disabled"复选框**。用于设置 Accordion 是否可用，选中该复选框，表示不可用，取消选中该复选框表示可用。
- **"Collapsible"复选框**。用于设置面板选项是否折叠，选中该复选框表示折叠，取消选中该复选框表示不折叠。
- **"Icons"栏**。针对"Header"和"Active Header"设置小图标。

2. 编辑Accordion

Accordion 的编辑主要包括面板和内容的编辑，如果对 CSS 和 JavaScript 非常熟悉，还可以在链接的 CSS 或 JS 文件中更改 Accordion 的风格和效果，这里不做介绍。

对面板的编辑主要包括面板数量和面板标题两种。在"属性"面板的"面板"列表框中单击"添加面板"按钮➕或"删除面板"按钮➖添加或删除面板，可以实现面板数量的修改。面板标题可以通过以下两种方法修改。

- **在设计视图中编辑**。选择一个面板标题，直接输入新文本即可修改标题，如图 7-3 所示。
- **在代码视图中编辑**。在 <h3> 的 <a> 标签中选择或删除标题文本，输入新文本即可修改标题，如图 7-4 所示。

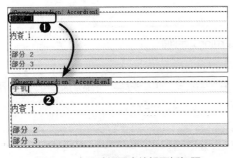

图7-3 在设计视图中编辑面板标题

图7-4 在代码视图中编辑面板标题

多学一招

在设计视图中修改面板标题的注意事项

在设计视图中如果直接删除文本，再输入新文本，就会删除标题文本的超链接标签 <a>，从而使 Accordion 的标题链接失效。因引，在设计视图中修改面板标题时需要先选择标题再输入文本，不能删除标题后再输入文本。

在代码视图中的 <div> 标签中输入 HTML 代码，可以实现 Accordion 内容的编辑，如图 7-5 所示。而在设计视图中编辑 Accordion 的内容需要显示要编辑内容的面板。显示面板有以下两种方法。

图7-5　为Accordion添加内容

● **通过"属性"面板显示面板。** 选择Accordion，在"属性"面板中的"面板"列表框中选择面板名称即可显示该面板内容，如图7-6所示。

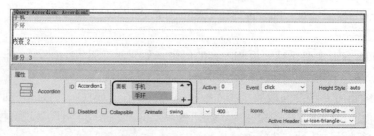

图7-6　"属性"面板显示面板

● **通过Accordion显示面板。** 将鼠标指针移动到Accordion的面板标题区域即可显示该面板的 👁 图标，单击该图标即可显示该面板内容，如图7-7所示。

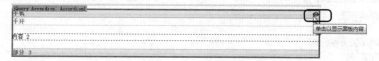

图7-7　通过Accordion显示面板

（二）Tabs（标签）

使用jQuery UI Tabs可以在页面中创建水平方向的标签切换效果，即选项卡效果。用户可选择不同的选项卡标签来显示或隐藏选项卡的内容，如图7-8所示。

图7-8　选项卡效果

在Dreamweaver CC 2018中插入Tabs的方法与插入Accrodion的方法相同，其属性设置不相同，图7-9所示为Tabs的"属性"面板。

图7-9　Tabs"属性"面板

下面介绍该"属性"面板中不同于Accrodion的选项。

● "Hide"和"Show"下拉列表框。主要用于设置标签显示或隐藏时的效果。

● "Orientation"下拉列表框。主要用于设置选项卡的方向。

Tabs的编辑与Accrodion基本相同，这里不再赘述。

（三）Slider（滑动条）

使用jQuery UI Slider可以创建精美的滑动条效果，并且Slider的插入方法与Accrodion的插入方法基本相同。

选择Slider后可在"属性"面板中显示Slider的相关选项，如图7-10所示。

图7-10　Slider"属性"面板

Slider"属性"面板中相关选项的含义如下。

● "ID"文本框。用于设置滑动条的名称。

● "Min"和"Max"文本框。用于设置滑动条的最小值和最大值。

● "Range"复选框。用于设置滑动条的滑块范围，选中该复选框，激活滑块值的设置，可设置两个值，一个最大值，一个最小值，默认没有选中该复选框。

● "Value(s)"文本框。用于设置滑块的初始值，如果有多个滑块，则设置第一个滑块的初始值。

● "Animate"复选框。用于设置拖曳滑块时是否执行动画效果。

● "Orientation"下拉列表框。用于设置滑动条的方向，默认为水平方向，也可以将其设置为垂直方向（选择"vertical"选项）。

（四）Dialog（会话）

使用jQuery UI Dialog，可在jQuery UI页面中创建会话效果，如图7-11所示。Dialog的插入方法与Accrodion的插入方法基本相同。

选择Dialog后可在"属性"面板中显示Dialog的相关属性，如图7-12所示。

图7-11　会话效果

图7-12　Dialog"属性"面板

Dialog"属性"面板中相关选项的含义如下。

- "ID"文本框。用于设置 Dialog 的名称。
- "Title"文本框。用于设置 Dialog 的标题。
- "Position"下拉列表框。用于设置 Dialog 对话框的显示位置。
- "Width"和"Height"文本框。用于设置 Dialog 对话框的宽度和高度。
- "Min Width"和"Min Height"文本框。用于设置 Dialog 对话框的最小宽度和最小高度。
- "Max Width"和"Max Height"文本框。用于设置 Dialog 对话框的最大宽度和最大高度。
- "Auto Open"复选框。默认为选中状态，用于设置预览时是否打开 Dialog 对话框。
- "Draggable"复选框。用于设置 Dialog 对话框是否可以拖曳，默认不可以。
- "Modal"复选框。用于设置在显示消息时，是否禁用页面上的其他元素。
- "Close On Escape"复选框。用于设置在用户按【Esc】键时，是否关闭 Dialog 对话框，默认为关闭。
- "Resizable"复选框。用于设置用户是否可以改变 Dialog 对话框的大小。
- "Hide"和"Show"下拉列表框。用于设置隐藏或显示 Dialog 对话框时的动画效果。
- "Trigger Button"下拉列表框。用于设置触发 Dialog 对话框时显示的按钮。
- "Trigger Even"下拉列表框。用于设置触发 Dialog 对话框时显示的事件。

（五）Progressbar（进度条）

Progressbar可以向用户显示程序当前完成的百分比。在Dreamweaver CC 2018中，可以使用jQuery UI Progressbar轻松、快捷地创建Progressbar，Progressbar的插入方法与Accordion的插入方法基本相同。

Progressbar与其他结构元素一样，可以设置其属性，即在插入Progressbar后，选择该Progressbar后在"属性"面板中显示Progressbar相关的选项，如图7-13所示。

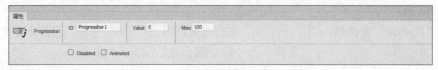

图7-13　Progressbar "属性"面板

Progressbar "属性"面板中相关选项的含义如下。

- "ID"文本框。用于设置 Progressbar 的名称。
- "Value"文本框。用于设置 Progressbar 显示的进度（0~100）。
- "Max"文本框。用于设置 Progressbar 的最大值。
- "Disabled"复选框。用于设置是否禁用 Progressbar。
- "Animated"复选框。选中该复选框，可使用动画 Gif 来显示进度。

三、任务实施

（一）布局网页

下面新建一个网页文档，然后创建CSS文件，并创建CSS，最后应用Div+CSS进行网页布局，具体操作如下。

（1）在Dreamweaver CC 2018中选择【文件】/【新建】菜单命令或者按【Ctrl+N】组合键，打开"新建文档"对话框。在"文档类型"列表框中选择"HTML"选项，在"标题"文本框中输入"圈粉商务网"文本，在"文档类型"下拉列表框中选择"HTML5"选项，单击 创建(R) 按钮创建网页文档，如图7-14所示。

（2）按【Ctrl+S】组合键将新建的网页文档保存为"pram.html"，在"CSS设计器"面板的"源"列表框中单击"添加CSS源"按钮 ✚，在弹出的下拉列表中选择"创建新的CSS文件"选项，打开"创建新的CSS文件"对话框。在"文件/URL"文本框中输入文件名"css"，在"添加为"选项中选中"链接"单选按钮，单击 确定 按钮创建新的CSS文件，如图7-15所示。

微课视频

布局网页

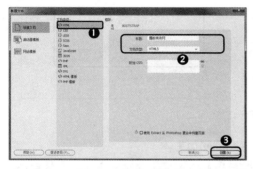

图7-14 新建网页文档

图7-15 新建CSS文件

（3）切换到代码视图，在"源代码"窗口中可以看到网页文档中链接了新建的CSS文件，如图7-16所示。

```
源代码    CSS.CSS
1    <!doctype html>
2  ▼ <html>
3  ▼ <head>
4    <meta charset="gb2312">
5    <title>圈粉商务网</title>
6    <link href="css.css" rel="stylesheet" type="text/css">
7    </head>
8  ▼ <body>
```

图7-16 查看CSS文件链接代码

（4）单击 CSS.CSS 按钮切换到CSS窗口，输入CSS样式代码，如图7-17所示。

```
源代码    CSS.CSS
1    @charset "gb2312";
2    body { margin: 0;  padding: 0; width: 100%;    color: #959595; font:normal 14px/1.8em "仿宋";    background: #f5f1e6
     url(image/main_bg.gif) repeat-y center center;}
3    .main { background:url(image/top_bg.jpg) no-repeat center top;}
4    .clr { clear:both; padding:0; margin:0; width:100%; font-size:0px; line-height:0px;}
5    .logo { padding:12px 0 0 40px; float:left; width:auto;}
6    h1 { margin:0; padding:16px 0 0; color:#fac011; font:bold 36px/1.2em "黑体", sans-serif; letter-spacing:-1px;}
7    h1 span { color:#b3b3b3; font-weight:normal;}
8    h1 a, h1 a:hover { color:#fac011; text-decoration:none;}
9    h1 small { display:block; padding-left:68px; font:normal 14px/1.2em "黑体", sans-serif; color:#b3b3b3; letter-spacing:normal;}
10   p { margin:8px 0; padding:0 0 8px 0; font:normal 14px/1.8em "黑体", sans-serif;}
11   p.spec { text-align:left;}
12   a { color: #daa520; text-decoration:underline;}
13   a.com { display:block; position:relative; top:40px; padding:7px 0 15px; float:right; width:44px; font:bold 24px/1em "黑体", sans-serif;
     color:#fac011; text-decoration:none; text-align:center; background:#f80 url(image/comment_bg.gif) no-repeat left top;}
14   .header, .content, .menu_nav, .fbg, .footer, form, ol, ol li, ul, .content .mainbar, .content .sidebar { margin:0; padding:0;}
15   /* header */
16   .header { }
17   .header_resize { margin:0 auto; padding:24px 0 16px; width:980px;}
18   /* menu */
19   .menu_nav { float:right; margin:0; padding:32px 24px 0; height:65px;}
20   .menu_nav ul { list-style:none;}
21   .menu_nav ul li { margin:0 10px 0 0; padding:0; float:left;}
22   .menu_nav ul li a { display:block; margin:0px; padding:6px 16px; color:#959595; text-decoration:none; font-size:13px;}
23   .menu_nav ul li.active a, .menu_nav ul li a:hover { color:#fff; background-color:#fed14a;}
24   /* content */
25   .content { margin:0 auto; padding:24px 0; width:980px;}
26   .content_l {    margin-right: 0;    margin-left: 12px;    padding: 0; float: left;    width: 680px;    height: 360px;}
27   .content_r{ margin: 0;  float: right;   width: 280px;   height: 360px;}
28   ul.sb_menu, ul.ex_menu { margin:0; padding:0; list-style:none; color:#959595;}
29   ul.sb_menu li, ul.ex_menu li { margin:0;}
30   ul.sb_menu li { padding:4px 0; width:220px;}
31   ul.ex_menu li { padding:4px 0;}
32   ul.sb_menu li a, ul.ex_menu li a { color:#959595; text-decoration:none; margin-left:-12px; padding-left:12px;}
```

图7-17 输入CSS样式代码

（5）单击 源代码 按钮切换到"源代码"窗口，将插入点定位到<body>标签中，插入一个

Div，将 "class" 定义为 "main"，然后在main的<div>标签中插入3个Div，分别将其 "class" 定义为 "header" "clr" "content"，最后在content的<div>标签中插入两个Div，分别将其 "class" 定义为 "content_l" 和 "content_r"，如图7-18所示。

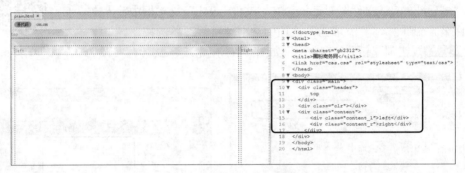

图7-18　使用Div+CSS布局网页

> **知识提示**
>
> ## 使用 Div 布局网页主体
>
> 　　应用 Div+CSS 布局网页较好的做法是先插入网页主体框架 Div，然后插入其他部分，如 header（头部菜单导航）、content（中间网页主体内容）和 footer（脚部网站信息等，本任务已省略）。content 分为左右型和上下型，本任务中使用的是左右型，最后对各区域进行内容填充和布局。

（6）在header的<div>标签中插入一个Div，将其 "class" 定义为 "header resize"，然后在该标签中插入两个Div，分别将其 "class" 定义为 "logo" 和 "menu_nav"，最后分别在这两个标签中插入Logo和菜单导航文本内容，如图7-19所示。

图7-19　布局并添加header菜单导航文本内容

（二）添加jQuery UI元素

下面在内容区域的两个<div>标签中分别插入jQuery UI中的Tabs和Accordion，并对其进行编辑，具体操作如下。

（1）布局好网页主体后，将插入点定位到content_l的<div>标签中，选择【插入】/【jQuery UI】/【Tabs】菜单命令插入一个Tabs，如图7-20所示。

（2）在代码视图中分别将3个面板标题修改为 "钻戒系列" "项链系列" "耳钉系列"，如图7-21所示。

微课视频

添加 jQuery UI 元素

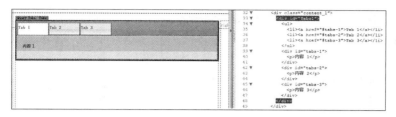

图7-20　插入Tabs

图7-21　修改面板标题

（3）将插入点定位到tabs-1的<div>标签中，输入需要添加的文本和图像代码，如图7-22所示。

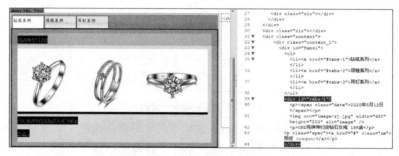

图7-22　为面板添加文本和图像

（4）在第2个面板标题处单击 ◉ 图标显示第2个面板，如图7-23所示。

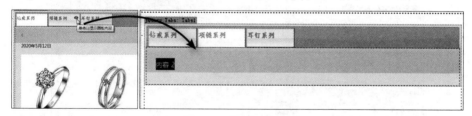

图7-23　显示第2个面板

（5）将插入点定位到tabs-2的<div>标签中，输入需要添加的文本和图像代码，如图7-24所示。

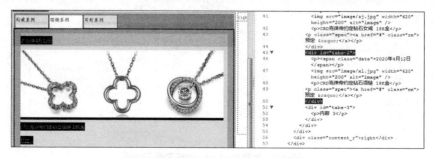

图7-24　为第2个面板添加文本和图像

（6）在第3个面板处单击 ◉ 图标显示该面板，将插入点定位到tabs-3的<div>标签中，输入需要添加文本和图像代码，如图7-25所示。

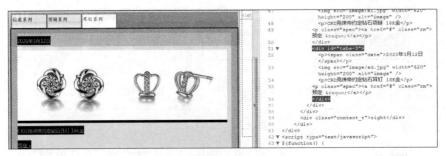

图7-25　为第3个面板添加文本和图像

（7）将插入点定位到content_r的<div>标签中，选择【插入】/【jQuery UI】/【Accordion】菜单命令，插入一个Accordion，如图7-26所示。

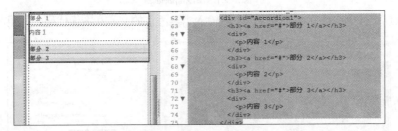

图7-26　插入Accordion

（8）在代码视图中将两个面板标题分别修改为"菜单导航"和"热销系列"，然后选择Accordion1元素，在"属性"面板中的"面板"列表框中选择"部分 3"选项，单击━按钮删除该面板，如图7-27所示。

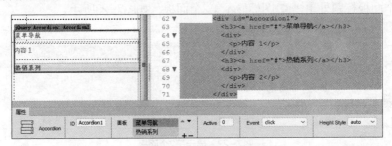

图7-27　编辑面板标题

（9）在代码视图中将插入点定位到第1个面板的Accordion1的<div>标签中，输入菜单列表代码，如图7-28所示。

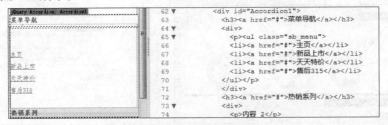

图7-28　为第1个面板添加菜单列表代码

（10）在设计视图中显示第2个面板，然后在代码视图中将插入点定位到第2个面板的内容<div>标签中，输入菜单列表代码，如图7-29所示。

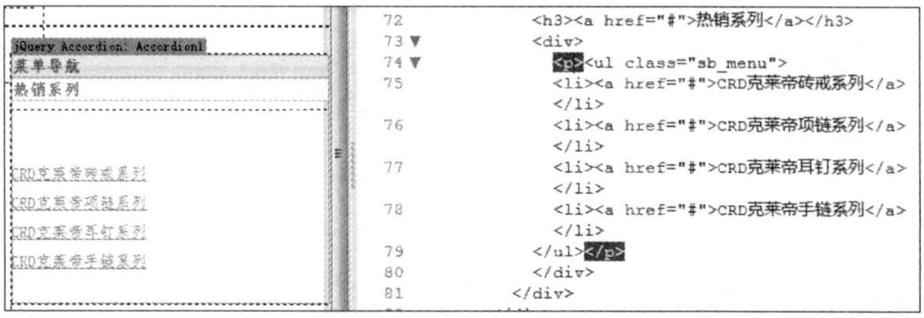

```
72                <h3><a href="#">热销系列</a></h3>
73 ▼              <div>
74 ▼                 <p><ul class="sb_menu">
75                      <li><a href="#">CRD克莱帝砖戒系列</a>
                         </li>
76                      <li><a href="#">CRD克莱帝项链系列</a>
                         </li>
77                      <li><a href="#">CRD克莱帝耳钉系列</a>
                         </li>
78                      <li><a href="#">CRD克莱帝手链系列</a>
                         </li>
79                   </ul></p>
80                </div>
81              </div>
```

图7-29　为第2个面板添加菜单列表代码

（11）切换到CSS窗口，添加列表<ul>标签的CSS样式代码，如图7-30所示。

```
29   ul.sb_menu li, ul.ex_menu li { margin:0;}
30   ul.sb_menu li { padding:4px 0; width:220px;}
31   ul.ex_menu li { padding:4px 0;}
32   ul.sb_menu li a, ul.ex_menu li a { color:#959595;
     text-decoration:none; margin-left:-12px; padding-
     left:12px;}
33   ul.sb_menu li a:hover, ul.ex_menu li a:hover {
     color:#fac011; font-weight:bold; }
34   ul.sb_menu li a:hover { text-
     decoration:underline;}
```

图7-30　添加列表<ul>标签的CSS样式代码

（12）保存网页文档，在浏览器中预览网页效果，如图7-31所示。

图7-31　预览网页效果

任务二　制作"圈粉"网站商品页面

网站的许多页面中都有很多相同的部分，如果重复制作这些内容，不仅浪费时间，增加工作量，而且后期维护也相当困难。将相同布局的部分创建为模板，可以在制作相同的布局及元素时应用。

一、任务目标

制作"圈粉"网站商品页面。在制作时，先创建模板页面和库项目文档，然后将模板和库项目添加到网页中并进行编辑。本任务制作完成后的最终效果如图7-32所示。

素材所在位置　素材文件\项目七\任务二\web\
效果所在位置　效果文件\项目七\任务二\index.html

"圈粉"网站商品页面

图7-32　"圈粉"网站商品页面

二、相关知识

模板是一种特殊类型的文档，主要用于设计网站中固定的网页布局。在介绍模板前，先认识模板，然后进行模板的创建、编辑与应用。

（一）认识模板

大部分网页都会根据网站的性质统一网页格式，如将主页以某种形式显示，其他网页文档中则需要标识要更换的内容和固定不变的内容，以便管理重复网页内容的框架，这些可重复利用的网页内容框架被称为"模板"。

在网页中使用模板可以一次性修改多个网页文档。使用模板的网页，只要网页中的模板未删除，网页将始终与模板处于连接状态，只需修改模板，即可更改与模板关联的其他网页文档。

（二）创建模板

在Dreamweaver CC 2018中，用户可以使用两种方法创建模板：一种是将现有的网页另存为模板；另一种是新建一个空白模板，在其中添加内容后，再将其保存为模板。

1. 将现有网页另存为模板

将制作好的网页另存为模板，可方便用户下次直接使用网页中相同的部分制作网页，方法为：在Dreamweaver CC 2018中打开需要另存为模板的网页文档，选择【插入】/【模板】/【创建模板】菜单命令，打开"另存模板"对话框，在"站点"下拉列表框中选择站点，在"另存为"文本框中输入模板名称，其他保持默认设置，单击 保存 按钮，打开"Dreamweaver"提示对话框，单击 是 按钮，如图7-33所示，返回网页文档中，在网页名称的位置会看到其扩展名变为".dwt"。

图7-33　创建模板

2. 新建模板网页

除了将现有的网页另存为模板，用户还可以直接创建模板，然后在其中进行编辑，方法为：选择【文件】/【新建】菜单命令，在打开的"新建文档"对话框中选择"新建文档"选项，在"文档类型"列表框中选择"HTML模板"选项，单击 创建(R) 按钮即可新建一个空白的模板文档，如图7-34所示，再在模板中像制作网页一样进行编辑，最后按【Ctrl+S】组合键，在打开的"另存模板"对话框中将模板保存到站点中。

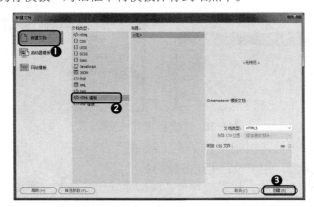

图7-34 "新建文档"对话框

（三）编辑模板

创建好的模板如果没有经过编辑将会处于不可操作状态。如果要使用该模板制作新的网页，就需要对模板进行编辑，如定义可编辑区域、新建可选区域、定义重复区域、定义重复表格等。

1. 定义可编辑区域

将制作好的网页另存为模板后，整个模板文档将被锁定，不能进行编辑，因此需要在模板文档中定义可编辑区域，以便在可编辑区域添加或修改网页元素，方法为：将插入点定位到模板文档需要编辑的位置或选择可以编辑区域，选择【插入】/【模板】/【可编辑区域】菜单命令，或在"插入"面板的"模板"列表中单击"可编辑区域"按钮 可编辑区域，打开"新建可编辑区域"对话框，在"名称"文本框中输入名称，单击 确定 按钮，如图7-35所示。

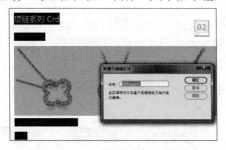 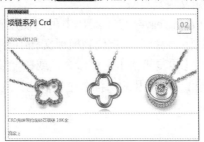

图7-35 输入可编辑区域的名称及该区域的效果

多学一招　分离模板

如果要对应用模板的网页进行修改，可以使用"从模板中分离"功能，将网页从模板中分离成普通网页进行编辑，方法为：在应用模板的网页中，选择【工具】/【模板】/【从模板中分离】菜单命令。

2. 新建可选区域

可选区域是指模板中可以添加内容的部分，如文本或图像，该部分在网页文档中可以出现，也可以不出现。新建可选区域的方法为：将插入点定位到模板文档中需要编辑的位置或选择可编辑区域，选择【插入】/【模板】/【可选区域】菜单命令，或在"插入"面板的"模板"列表中单击"可选区域"按钮 可选区域，在打开的"新建可选区域"对话框进行设置，如图7-36所示。

图7-36 "新建可选区域"对话框

"新建可选区域"对话框中相关选项的含义如下。

● **"名称"文本框**。用于设置可选区域的名称。
● **"默认显示"复选框**。用于设置可选区域在默认情况下，是否在使用模板的网页中显示。
● **"使用参数"单选按钮**。选中该单选按钮，表示要链接可选区域参数。
● **"输入表达式"单选按钮**。选中该单选按钮，表示可使用编写模板的方式来制作可选区域的显示内容。

3. 定义重复区域

在模板中可以根据需要定义重复区域，它可以在使用模板的页面中复制任意次数的模板板块。另外，重复区域可针对区域或表格进行重复。重复区域是不可编辑的，如果需要编辑，则可以在重复区域内插入可编辑区域。

定义重复区域的方法为：将插入点定位到模板文档中需要编辑的位置或选择可编辑区域，选择【插入】/【模板】/【重复区域】菜单命令，或在"插入"面板的"模板"列表中单击"重复区域"按钮 重复区域，在打开的"新建重复区域"对话框中输入名称，如图7-37所示。

4. 定义重复表格

在Dreamweaver CC 2018中可以使用重复表格创建包含重复行的表格格式的可编辑区域，方法为：将插入点定位到模板文档中需要编辑的位置或选择可编辑区域，选择【插入】/【模板】/【重复表格】菜单命令，或在"插入"面板的"模板"列表中单击"重复表格"按钮 重复表格(T)，在打开的"插入重复表格"对话框中，定义表格中的哪些单元格可编辑，如图7-38所示。

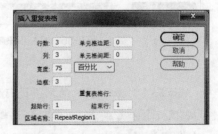

图7-37 "新建重复区域"对话框　　　　图7-38 "插入重复表格"对话框

"插入重复表格"对话框中相关选项的含义如下。

● **"行数"文本框**。用于设置插入表格的行数。
● **"列"文本框**。用于设置插入表格的列数。
● **"单元格边距"文本框**。用于设置单元格的边距。
● **"单元格间距"文本框**。用于设置单元格的间距。
● **"宽度"文本框**。用于设置表格的宽度。
● **"边框"文本框**。用于设置表格边框线的宽度。
● **"起始行"文本框**。用于设置可重复行的起始行。
● **"结束行"文本框**。与"起始行"相反，用于设置可重复行的结束行。
● **"区域名称"文本框**。用于设置重复区域的名称。

（四）应用模板

在创建网站时，将相同的布局及元素创建为模板后，只需要将模板应用到创建的网页中，然后在可编辑区域修改网页元素即可创建新的页面，这大大提高了网站的制作效率。应用模板有以下3种方法。

● **从新建文档中应用模板**。在Dreamweaver CC 2018中选择【文件】/【新建】菜单命令，打开"新建文档"对话框，在"类型"列表框中选择"网站模板"选项，在"站点"列表框中选择站点，在模板列表框中选择需要应用的模板，单击 创建(R) 按钮，如图7-39所示。

● **在现有文档中应用模板**。在Dreamweaver CC 2018中打开需要应用模板的网页，选择【工具】/【模板】/【应用模板到页】菜单命令，打开"选择模板"对话框，在"站点"下拉列表框中选择站点，在"模板"列表框中选择需要应用的模板，单击 选定 按钮，如图7-40所示。

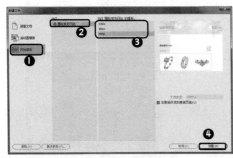
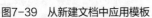

图7-39　从新建文档中应用模板

图7-40　在现有文档中应用模板

● **在"资源"面板中应用模板**。在Dreamweaver CC 2018中打开需要应用模板网页，定位插入点，在"资源"面板中单击"模板"按钮⌸，在项目列表中选择需要应用的模板文档，单击 应用 按钮，或者直接将模板拖到网页文档的插入点，如图7-41所示。

（五）认识库

库是一种特殊的Dreamweaver文件（扩展名为.lbi），其中包含可放到网页中的一组资源或资源副本。库主要用于存放网页元素，如图像和文本等，这些元素能够被重复使用或频繁更新，它们统称为库项目。

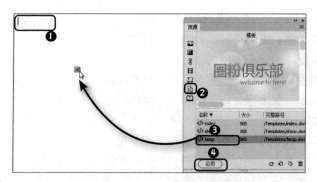

图7-41　从"资源"面板中应用模板

> **知识提示**
>
> ### 模板与库的区别
>
> 　　不要将模板和库混淆，模板应用于整个网页，而库文件只应用于网页的局部内容。使用模板和库都可以提高网页制作效率。

（六）操作库项目

在Dreamweaver CC 2018的"资源"面板的"库"选项卡中可以创建并编辑库项目。

1. 创建库项目

创建库项目的操作很简单，只需要在"资源"面板中单击"库"按钮 📖，切换到"库"选项卡中，单击右下角的"新建库项目"按钮 🔁，在"名称"列表框中创建库项目，再将其重命名即可，如图7-42所示。

2. 编辑库项目

创建好的库项目可以像制作网页一样进行编辑，方法为：在"资源"面板中切换到"库"选项卡中，单击右下角的"编辑库项目"按钮 🔁，打开"库项目"页面，选择库项目进行添加和编辑，如图7-43所示。

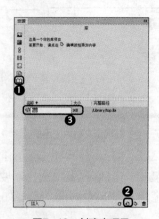

图7-42　创建库项目

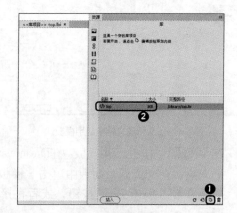

图7-43　编辑库项目

（七）应用库项目

编辑好库项目后，可将库项目添加到网页中作为网页的一部分，方法为：在"库"选项卡的项目列表中选择需要应用到网页中的库项目，单击 插入 按钮，或选择库项目，直接将其拖到网页文档的插入点，如图7-44所示。

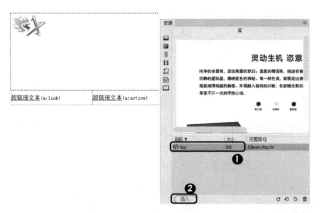

图7-44　应用库项目

三、任务实施

（一）创建模板

"圈粉"网站每个页面的页眉和页脚几乎都相同，下面将页眉和页脚部分创建为模板，具体操作如下。

（1）在Dreamweaver CC 2018中选择【站点】/【管理站点】菜单命令，打开"管理站点"对话框，单击 导入站点 按钮，在打开的"导入站点"对话框中选择"圈粉商务网站.ste"文件，导入网站站点，导入完成后单击"完成"按钮，如图7-45所示。

（2）在"文件"面板中选择"圈粉商务网站"站点，双击已制作好的"index.html"网页文档，打开文档窗口，如图7-46所示。

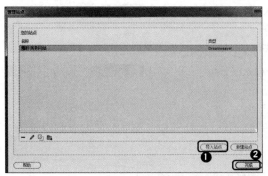

图7-45　导入站点

图7-46　打开文档窗口

多学一招

选择站点目录

在导入站点前，需要将素材文件夹下的所有文件复制到保存站点的目录下，在导入站点时，选择这个目录即可将站点文件和文件夹导入站点。

（3）选择【插入】/【模板】/【创建模板】菜单命令，打开"另存模板"对话框。在"站点"下拉列表框中选择"圈粉商务网站"选项，在"另存为"文本框中输入模板名称，单击 保存 按钮，如图7-47所示。

（4）在打开的提示信息对话框中单击 是 按钮，如图7-48所示。

图7-47　另存模板　　　　　　　　　　　图7-48　更新链接

（5）在"文件"面板的"Templates"文件夹左侧单击![icon]图标展开"Templates"文件夹，可以看到新建的模板文档已保存在该目录下，如图7-49所示。

（6）在设计视图中只保留1个图像板块的内容，删除其他两个部分和页码元素，删除页面右边导航区域的菜单列表部分，效果如图7-50所示。

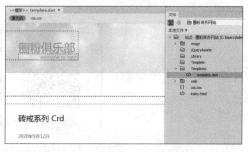

图7-49　模板文档保存的目录　　　　　　　图7-50　删除页面部分内容

（7）选择图像板块区域，选择【插入】/【模板】/【重复区域】菜单命令，打开"新建重复区域"对话框。在"名称"文本框中输入"RepeatR"，单击![确定]按钮，如图7-51所示。

（8）选择右边导航区域，选择【插入】/【模板】/【可编辑区域】菜单命令，打开"新建可编辑区域"对话框，在"名称"文本框中输入"EditR"，单击![确定]按钮，如图7-52所示。

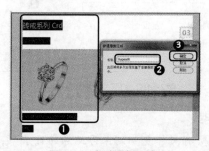
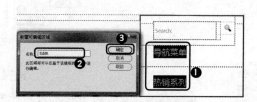

图7-51　新建重复区域　　　　　　　　　图7-52　新建可编辑区域

（9）将插入点定位到图像下面的空白区域，选择【插入】/【模板】/【可编辑区域】菜单命令，打开"新建可编辑区域"对话框。在"名称"文本框中输入"EditR1"，单击![确定]按钮，如图7-53所示。

（10）编辑完模板文档后，在"资源"面板中单击![icon]按钮切换到"模板"选项卡，可以看到保存路径为站点中的"Templates"目录下的模板文档，如图7-54所示。

图7-53　创建可编辑区域　　　　　　　　　　图7-54　保存的模板文档

（二）创建库项目

对于在页面中重复使用的部分可以将其创建为库项目保存在"Library"目录下，以便在制作页面时从库中调用。下面为"圈粉商务网站"创建库项目，具体操作如下。

（1）在"资源"面板中单击📖按钮切换到"库"选项卡，在右下角单击3次🔂按钮新建3个库项目，如图7-55所示。在库项目列表中单击一个项目名称激活文本框，然后输入名称重命名项目，使用相同的方法重命名其他两个项目。

微课视频

创建库项目

（2）双击打开page库项目的编辑窗口，在"CSS设计器"面板中的"源"列表框中单击"添加CSS源"按钮➕，在打开的下拉列表中选择"附加现有的CSS文件"选项，如图7-56所示。

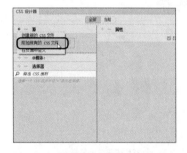

图7-55　新建库项目　　　　　　　　　　图7-56　选择添加CSS文件的方式

（3）打开"使用现有的CSS文件"对话框，在"文件/URL"文本框中输入站点中的CSS文件名称，在"添加为"中选中"链接"单选按钮，单击 确定 按钮为项目附加CSS文件，如图7-57所示。

（4）在代码视图中输入图7-58所示的HTML代码，然后保存文档。

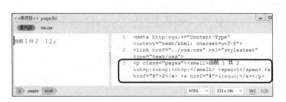

图7-57　附加CSS文件　　　　　　　　　　图7-58　输入HTML代码

（5）在"库"选项卡中双击"daoh"库项目打开编辑窗口，在设计视图中选择【插入】/【HTML】/【Table】菜单命令，插入一个"行数""列""表格宽度""表格粗细""单元格边距""单元格间距"分别为"4""2""100百分比""0""0""0"的表格，然后在第1列的单元格中插入image文件夹下的"but-del1.gif"文件，在第2列的单元格中插入文本，如图7-59所示。

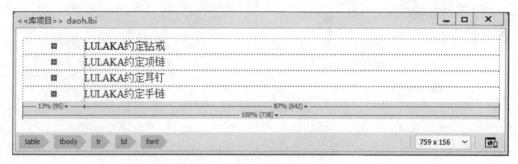

图7-59　编辑"daoh"项目页面内容

（6）在"库"选项卡中双击"pic"项目打开编辑窗口，在设计视图中选择【插入】/【HTML】/【Table】菜单命令，插入一个"行数""列""表格宽度""表格粗细""单元格边距""单元格间距"分别为"2""3""100百分比""0""8""0"的表格。在第1行的单元格中分别插入"image"文件夹下的"crd3.jpg""tsl3.jpg""tsl4.jpg"文件，在第2行的单元格中插入图像说明文本，如图7-60所示。

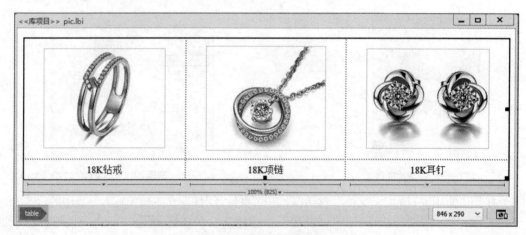

图7-60　编辑"pic"项目页面内容

（三）制作网页

　　下面制作"圈粉"网站商品展示页面，在制作时将应用模板和库项目，具体操作如下。

（1）在"文件"面板的站点web目录下新建一个"product.html"网页文档，双击打开该网页文档，如图7-61所示。

（2）在"资源"面板中单击 按钮切换到"模板"选项卡，选择模板"template"，单击 应用 按钮将模板插入网页文档中，如图7-62所示。

微课视频

制作网页

图7-61　新建网页文档　　　　　　　　图7-62　插入模板文档

（3）在设计视图中的重复区域单击➕按钮，在该重复区域的下面直接复制相同的元素，如图7-63所示。

（4）将插入点定位到右边导航菜单处，在"资源"面板中单击"库"按钮📖切换到"库"选项卡，选择"daoh"库项目，单击【插入】按钮在插入点处插入项目列表，使用相同的方法在"热销系列"处插入项目列表，如图7-64所示。

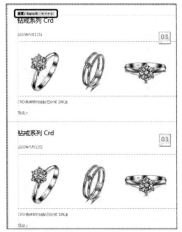

图7-63　复制重复区域　　　　　　　　图7-64　添加库项目

（5）将插入点定位到"EditR1"位置处，选择【插入】/【HTML】/【Div】菜单命令，在该插入点处插入两个Div，如图7-65所示。

图7-65　插入两个Div

（6）将插入点定位到第1个Div处，在"库"选项卡中选择"page"库项目，单击【插入】按钮，在插入点处插入页码元素，如图7-66所示。

（7）将插入点定位到第2个Div处，在"库"选项卡中选择"pic"库项目，单击【插入】按钮，在插入点处插入图像元素，如图7-67所示。

图7-66　插入页码元素　　　　　　　　图7-67　插入图像元素

（8）选择【工具】/【模板】/【从模板中分离】菜单命令，将模板转化为普通网页，如
图7-68所示。

（9）将重复的图像替换为"../image/xl.jpg"，并修改文本信息，如图7-69所示。

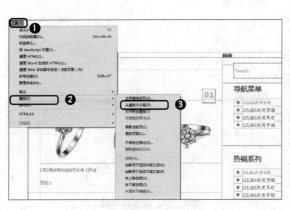

图7-68　将模板转化为普通网页　　　　　　图7-69　修改图像和文本

（10）在导航菜单列表处单击鼠标右键，在弹出的快捷菜单中选择【从源文件中分离】命
令，将库项目转化为普通网页，如图7-70所示。

（11）修改导航菜单列表的文本信息，如图7-71所示。

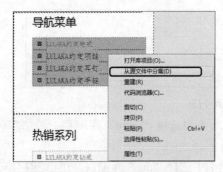

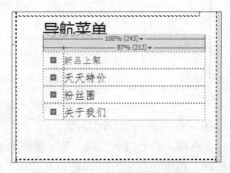

图7-70　将库项目转化为普通网页　　　　　图7-71　修改导航菜单列表文本信息

（12）完成制作后保存网页，在浏览器中预览网页效果，如图7-72所示。

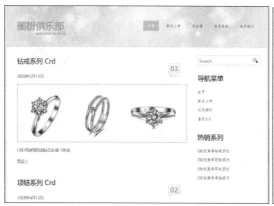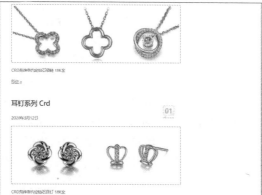

图7-72　预览网页效果

实训一　制作"爱尚汽车"栏目页面

【实训要求】

制作"爱尚汽车"栏目页面，练习使用jQuery UI布局页面的方法。

【实训思路】

要求"爱尚汽车"栏目页面简洁大方，以便吸引用户。本实训将在栏目页面中添加Div，然后在Div中添加两个Tabs，最后在各个Tabs的面板中添加内容元素，参考效果如图7-73所示。

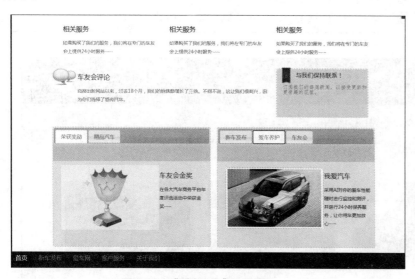

图7-73　"爱尚汽车"栏目页面

素材所在位置　素材文件\项目七\实训一\indcar.htm、css.css、image\
效果所在位置　效果文件\项目七\实训一\web\product.html

【步骤提示】

（1）在Dreamweaver CC 2018中打开"indcar.html"文件。

（2）在"css.css"文件中添加"content_f"类、"left"类和"right"类，设置3个类的公共属性为"margin:0 auto; padding:0 0;"，设置"content_f"类的属性为"width:980px;"，"left"类的属性为"width:480px;float:left"，"right"类的属性为"width:480px;float:right"。

微课视频

制作"爱尚汽车"栏目页面

（3）在页面的最后插入一个Div，定义其"class"为"Content_f"，再在该Div中插入两个Div，分别将其"class"定义为"left"和"right"。

（4）在两个Div中分别插入一个Tabs，并设置Tabs面板标题。

（5）分别为Tabs面板添加显示信息的图像和文本元素。

实训二　制作"爱尚汽车"产品展示页面

【实训要求】

使用模板制作"爱尚汽车"产品展示页面，通过网站首页创建网站模板，然后使用模板创建页面，并在页面中添加产品图像和文本信息。

【实训思路】

本实训综合练习使用现有网页制作模板的方法，掌握模板在网页制作中的应用。本实训制作完成后的效果如图7-74所示。

高清彩图

"爱尚汽车"产品展示页面

素材所在位置　素材文件\项目七\实训二\
效果所在位置　效果文件\项目七\实训二\web\product.html

图7-74　"爱尚汽车"产品展示页面

【步骤提示】

（1）在Dreamweaver CC 2018中导入"爱尚汽车.ste"站点。

（2）将首页"index.html"制作为模板文档"temp.dwt"，然后在模板文档中创建可编辑区域。

制作"爱尚汽车"
产品展示页面

（3）在"web"文件夹中创建网页文档"product.html"，并将模板"temp.dwt"插入文档中。

（4）在第1块可编辑区域中分别插入图像"../image/changan1.jpg" "../image/chuanq1.jpg" "../image/aod1.jpg"，并修改说明信息文本。

（5）在第2块可编辑区域插入鼠标经过图像"../image/ca1.jpg" "../image/ca2.jpg"。

（6）在第3块可编辑区域插入Tabs，并在Tabs面板中添加网页元素。

常见疑难解析

问　如何在 Dreamweaver CC 2018中创建嵌套模板？

答　嵌套模板是指设计和可编辑区域都是基于另一个模板的模板。通过嵌套模板可以在保证整个网站风格一致的情况下，对网页细节进行调整，并且还能有效地控制网页内容的更新和维护。

创建嵌套模板的方法为：选择【文件】/【新建】菜单命令，创建一个新的网页文档，在"资源"面板中单击"模板"按钮 切换到"模板"选项卡，选择一个已有模板文档，将其插入网页文档中，然后选择【插入】/【模板】/【创建嵌套模板】菜单命令，在打开的"另存为模板"对话框中保存模板。

问　从应用了模板的网页中分离模板，会不会修改模板文档？

答　从应用了模板的网页中分离模板，模板文档的内容不会被修改或消失。分离网页只是将应用了模板的文档变成普通网页文档，并不影响模板文档。修改模板文档中的内容时，分离后的网页内容不会随之更改。

拓展知识——分离库项目

在修改应用了库项目的网页时，不能修改库项目，因为库项目是被锁定的。要对库项目进行修改，可使用"从源文件中分离"的方法，将网页从库项目中分离出来。

分离库项目的方法为：在应用的库项目上单击鼠标右键，在弹出的快捷菜单中选择【从源文件中分离】命令。

课后练习

（1）通过jQuery UI Accordion为蓉锦大学"学校概况"网页制作单击栏目按钮切换内容的效果，参考效果如图7-75所示。

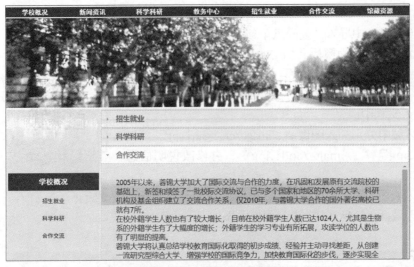

制作蓉锦大学"学校概况"网页

图7-75　制作蓉锦大学"学校概况"网页

素材所在位置　素材文件\项目七\练习一\img\、xxgk.html、xx.txt

效果所在位置　效果文件\项目七\练习一\xxgk.html

（2）通过模板快速制作"合作交流"网页。制作时可先创建模板，在其中创建可编辑区域，然后通过创建的模板来新建"hzjl.html"网页，并在网页中添加内容，制作完成后的参考效果如图7-76所示。

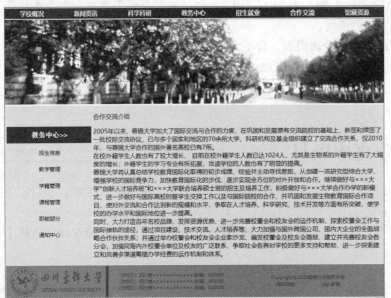

制作"合作交流"模板网页

图7-76　制作"合作交流"模板网页

素材所在位置　素材文件\项目七\练习二\hzjl.html、img\、合作交流介绍.txt

效果所在位置　效果文件\项目七\练习二\hzjl.html、Templates\

项目八

使用表单和行为

情景导入

米拉问："老洪，注册和登录页面怎么制作呢？"老洪说："网页中的注册、登录、调查和搜索等功能，一般都是使用表单来实现的。表单一般是表单元素的HTML源代码，以及客户端的脚本或服务器用来处理用户所填信息的程序。"

学习目标

● 掌握表单的使用方法 　　如了解表单、插入表单并设置属性、插入表单元素并设置属性、使用jQuery UI表单功能等。	● 掌握行为的使用方法 　　如认识行为、常用行为的使用方法等。

案例展示

▲ "圈粉"网站登录页面

▲ "圈粉"网站登录交互页面

任务一　制作“圈粉”网站登录页面

表单在网页中使用得非常频繁，特别是在动态网页中。搜集用户信息，或从数据库中显示数据内容时，都需要使用表单来展示信息。下面介绍在Dreamweaver CC 2018中插入与编辑表单的方法。

高清彩图

“圈粉”网站登录页面

一、任务目标

使用表单功能制作“圈粉”网站登录页面。先了解表单的基础知识，然后再插入表单并设置其属性，最后使用 jQuery UI 的表单功能。本任务制作完成后的效果如图8-1所示。

素材所在位置　素材文件\项目八\任务一\login.html
效果所在位置　效果文件\项目八\任务一\login.html

图8-1　“圈粉”网站登录页面

二、相关知识

本任务涉及表单的相关知识，下面分别进行介绍。

（一）表单概述

表单用于向服务器提交数据，在网页中使用表单能轻松地搜集Web访问者的各种信息，同时也可以将数据库中的数据或服务器返回的信息显示在网页中。下面介绍表单的相关知识，包括表单在网页中的表现形式、表单的组成元素、HTML中的表单等。

1. 表单在网页中的表现形式

一般情况下，网站页面需要交互（Web访问者提交信息给服务器、服务器反馈信息给网页等）时，都会用到表单。网页中常见的表单功能有以下5种。

● **登录网页**。在用户评论、点赞和发表文章前，网站通常会要求用户先登录。可以使用在网站注册的账号密码进行登录，或通过获取手机动态码的方式登录，或通过第三方账号（如微信、QQ、淘宝、微博等）登录。除第三方账号是使用API接口登录外，使用账号密码登录及手机动态码登录都需要用到表单。使用账号密码登录、手机动态码登录的登录页面效果如图8-2所示。

图8-2　登录页面

多学一招

扫描二维码登录

　　随着手机 App 的出现，扫描二维码也可实现网站登录。网页中显示一个登录二维码，使用手机 App 扫描这个二维码，即可完成登录操作。如果手机 App 是登录状态，那么扫描二维码后可以直接登录，实现计算机网页与手机 App 的同步登录。

● **注册网页**。要实现网站登录，通常要先注册会员账号。在会员账号的注册页面，要求输入账号昵称、密码等信息。这些信息的输入或选择，也需要使用表单来实现。图8-3所示为某网站的账号注册页面。

多学一招

简化网站的注册与登录功能

　　在手机卡实名制后，为了节省用户注册及登录的时间，很多网站简化了网站的注册与登录功能，通过发送手机动态码的方式来实现网站的登录，省去了用户注册的麻烦。用户不需要提前注册网站账号，只需要输入手机号并单击 获取验证码 按钮，即可通过手机短信获取动态码，输入这个动态码就可以登录网站。

图8-3　某网站的账号注册页面

● **搜索功能。**用户在搜索框中输入信息，单击🔍按钮就可以把需要搜索的信息提交给后台程序，后台程序搜索数据库中的信息，把搜索结果反馈给用户，如图8-4所示。

图8-4　网页的搜索功能

● **发布文章、回复问题、发表评论。**用户在网页中常会发布文章、回复网友问题、发表评论等，这些操作都需要通过表单和后台程序实现。

● **电子邮件。**电子邮件页面也是使用表单功能实现的。

2.　表单的组成元素

表单由表单和表单对象两部分组成。表单相当于一个大容器（可以设置属性），表单对象相当于放置在表单这个容器中的各个部分。在Dreamweaver CC 2018的"插入"面板的"表单"列表中，可以看到所有的表单元素，也可以选择【插入】/【表单】菜单命令查看表单元素，如图8-5所示。

3.　HTML中的表单

在HTML中，表单（form）是使用<form>标签表示的，并且表单中的各种对象都必须位于该标签中。图8-6所示为表单及表单对象的代码（不包括<body>部分），该表单是一个搜索表单，包括一个搜索框（<input id="kw" name="wd" class="s_ipt" value="表单的英语" maxlength="255" autocomplete="off">）和一个提交按钮（<input type="submit" name="submit" id="submit" value="提交">）。在Dreamweaver CC 2018的设计视图中，表单显示为红色虚线，对应的代码为"<form id="form" name="f" action="/s" class="fm ">和</form>"。

图8-5　表单及表单元素

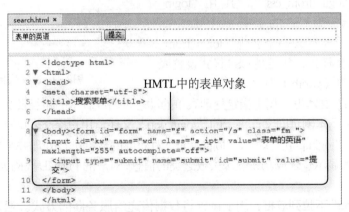

图8-6　HTML中的表单及表单对象代码

（二）插入表单并设置属性

在Dreamweaver CC 2018中插入表单后，通常还要对表单的属性进行设置，如设置ID、Method等，这样表单才能真正起作用。下面介绍插入表单及设置表单属性的方法。

1. **插入表单**

在Dreamweaver CC 2018中选择【插入】/【表单】/【表单】菜单命令，或在"插入"面板的"表单"列表中单击"表单"按钮可插入表单。在Dreamweaver CC 2018中插入表单后，在设计视图中可看到一个红色的虚线框，图8-7所示为插入的表单，对应<form>标签。

2. **设置表单属性**

在网页文档中插入表单后，在表单"属性"面板中将显示与表单相关的属性，通过表单"属性"面板，可以为插入的表单设置ID、Class、Action、Method等属性，如图8-8所示。

175

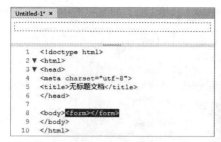

图8-7　插入表单后的效果

图8-8　表单"属性"面板

表单"属性"面板中相关选项的含义如下。

● **"ID"文本框**。用于设置表单的名称，一般是必填项，以区别不同的表单对象，因为同一网页中可能不止一个表单。对应的 HTML 代码为"id=" 具有一定意义的英文字符串 """，如"id="login_from""。需注意，引号必须是英文状态下的，其他属性值中的引号也相同。

● **"Class"下拉列表框**。用于设置应用在表单上的类样式。类样式需要提前设置，设置类样式后，在"Class"下拉列表框中选择相应的样式名称，对表单布局进行设计和美化。对应的 HTML 代码如"class="login_from_css""，其中"login_from_css"为 CSS 的类样式名称。图 8-9 所示为定义一个名为"login_from_css"的类样式，并通过 CSS 样式设置表单的宽度（width）为"50px"。

图8-9　设置"class"

● **"Action"文本框**。用于指定处理表单的动态页面或脚本的路径及文件名，如"login.php"表示本网页同文件夹下的"login.php"文件。用户提交表单时，会将表单数据提交给"login.php"文件，"login.php"对获取的数据进行处理并将相应的信息返回网页，如显示登录成功或登录失败之类的信息，对应的 HTML 代码为"action="login.php""。

● **"Method"下拉列表框**。用于设置将数据传递给服务器的方式。通常使用"POST"方式，它表示将所有信息封装在 HTTP 请求中，它是一种可以传递大量数据的较安全的传输方式。"GET"方式表示直接将数据追加到请求的 URL 中，它只能传递有限的数据，并且不安全（在浏览器地址栏中可直接看到，如"login.php?usr=ggg"的形式），对应的 HTML 代码为"method="post""或"method="get""。

● **"Title"下拉列表框**。用于设置表单的标题文本，对应的 HTML 代码为"title=" 表单的标题文本 ""。当浏览设置了"Title"属性的表单网页时，将鼠标指针移动到表单区域内，会显示设置的标题文本，如"表单的标题文本"。

● **"No Validate"复选框**。用于设置提交表单时不对其进行验证。选中该复选框对应的 HMTL 代码为"novalidate="novalidate""。

● **"Auto Complete"复选框**。用于设置是否启用表单的自动完成功能。选中该复选框对应的 HTML 代码为"autocomplete="on""。

● **"Enctype"下拉列表框**。用于设置传输数据使用的编码类型,默认设置为"application/x-www-form-urlencoded", 对应的HTML代码为"enctype="application/x-www-form-urlencoded""。需要上传文件时,应选择"multipart/form-data"选项,其对应的HTML代码为"enctype="multipart/form-data""。

● **"Target"下拉列表**。用于设置表单提交后,反馈页面打开的方式,有"_blank"(在新窗口中打开)、"new"、"_parent"(在父框架集中打开)、"_self"(默认为此选项,表示在相同的框架中打开)和"_top"(在整个窗口中打开)5种。对应HTML代码为"target="_self""。

● **"Accept Charset"下拉列表**。用于设置服务器处理表单数据所接受的字符编码,多个字符编码使用空格分隔。其中通用的选项包括"UTF-8"(Unicode 字符编码)和ISO-8859-1(拉丁字母表的字符编码),前者对应的HTML代码为"accept-charset="UTF-8""。

设置表单属性后的"属性"面板、完整的HTML代码及设计视图中的显示效果如图8-10所示。

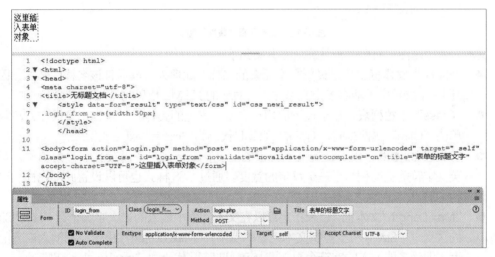

图8-10　设置表单属性后的"属性"面板

(三)插入表单元素并设置属性

创建完表单后,可以在表单中插入各种表单元素,实现表单的具体功能。Dreamweaver CC 2018中的表单元素较多,下面分类进行介绍。

1. 文本输入类元素

文本输入类元素主要包括常用的、与文本相关的表单元素,如文本、搜索、文本区域、数字、范围、密码、Url、Tel、电子邮件、日期时间、日期时间(当地)、月、周、日期、时间、颜色等。表单元素的插入方法基本相同,下面介绍文本输入类元素的插入方法和属性。

(1)文本元素。文本(Text)元素是使用频率高的表单元素之一,用于输入单行文本,如登录页面中的用户名文本框、搜索页面中的搜索框等。在Dreamweaver CC 2018中插入文本元素的方法为:选择【插入】/【表单】/【文本】菜单命令,或在"插入"面板的"表单"列表中单击"文本"按钮 🔲 文本。插入的文本元素如图8-11所示。

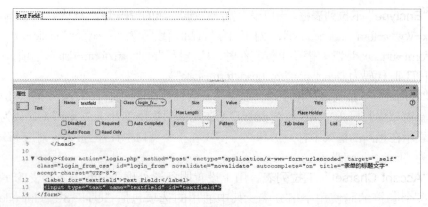

图8-11　插入文本元素

插入文本元素后，选择文本元素，在"属性"面板中可对其属性进行设置，如图8-12所示。

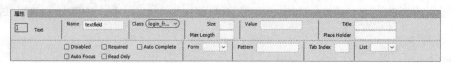

图8-12　文本元素"属性"面板

文本元素"属性"面板中相关选项的含义如下。

● "Name"文本框。用于设置文本元素的名称。此项为必填项且该名称要唯一，因为同一个表单中可能有多个文本元素，对应的HTML代码为"name="textfield""。

● "Class"下拉列表。用于设置应用在文本元素上的类样式。其作用及操作方法与表单的"Class"属性相同，对应的HTML代码为"class="text_css""。

● "Size"文本框。用于设置文本元素的宽度，默认情况下以英文字符为单位，两个英文字符的宽度相当于一个汉字的宽度。通过CSS样式也可以设置此项属性，对应的HTML代码为"size="100""。

● "Max Length"文本框。用来指定可以在文本元素中输入的最大字符个数。其与"Size"的区别是"Size"用于控制文本元素的宽度，"Max Length"用于控制输入内容的长度（即最多能输入的字符个数），对应的HTML代码为"maxlength="16""。

● "Value"文本框。用于设置在文本元素中默认显示的字符，对应的HTML代码为"value="请输入手机号或邮箱地址""。

● "Title"文本框。用于设置文本的标题，其作用与表单中"Title"属性的作用相同，只是一个作用于表单，一个作用于文本元素，对应的HTML代码为"title="账号""。

● "Place Holder"文本框。用于设置文本元素中的提示信息，用户在文本元素中输入内容后，文本元素中的提示信息会被隐藏。对应的HTML代码为"placeholder="手机号或邮箱地址""。通常在设置此属性时，"Value"属性应设置为空，否则看不到显示效果。当"Value"设置为空，且设置"Place Holder"属性时，文本元素中设置的提示信息会显示为灰色。

● "Disabled"复选框。用于设置是否禁用该文本，常在显示返回数据信息时使用，对应的HTML代码为"disabled="disabled""。

● "Auto Focus"复选框。用来设置页面加载时，是否使输入字段获得焦点，对应的HTML代码为"autofocus="autofocus""。

- "Reguired"复选框。用于设置该选项是否为必填项，设置后必须输入内容才能正常提交表单，对应的 HTML 代码为"required="required""。
- "Read Only"复选框。用于设置文本是否为只读文本，常在需要提交固定内容时使用，对应的 HTML 代码为"readonly="readonly""。
- "Auto Complete"复选框。用于设置在预览网页时，浏览器是否存储用户输入的内容。选中该复选框，返回到曾填写过值的页面时，浏览器会将用户填写过的值自动显示在文本框中，对应的 HTML 代码为"autocomplete="on""。
- "Form"下拉列表框。用来定义输入字段属于一个或多个表单，对应的 HTML 代码为"form="login_from""。
- "Pattern"文本框。用于规定输入文本字段的模式或格式，对应的 HTML 代码为"pattern="[A-z]{3}""，它表示文本字段只能包含 3 个字母（数字或特殊字符）。
- "Tab Index"文本框。用于设置元素的【Tab】键控制次序，对应的 HTML 代码为"tabindex="1""，表示顺序为第一。
- "List"下拉列表框。可在该下拉列表框中选择引用的 datalist 元素，对应的 HTML 代码为"list="greetings""。

设置文本元素属性后的"属性"面板、完整的HTML代码及设计视图中的显示效果如图8-13所示。

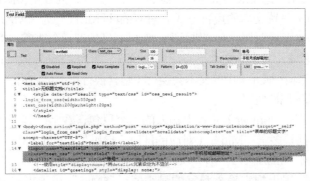

图8-13　设置文本元素属性

（2）搜索元素。搜索（Search）元素是单行纯文本编辑控件，用于输入一个或多个搜索词，其"属性"面板与文本元素的"属性"面板完全相同。在Dreamweaver CC 2018中插入搜索元素的方法为：选择【插入】/【表单】/【搜索】菜单命令或在"插入"面板的"表单"列表中单击"搜索"按钮Ｐ 搜索，如图8-14所示。

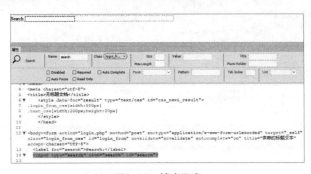

图8-14　搜索元素

（3）文本区域元素。文本区域（Text Area）元素用于输入多行文本，如网页中常见的"服务条款"文本因为内容太长，所以可以使用文本区域元素进行输入，通过拖曳滚动条查看完整内容。在Dreamweaver CC 2018中插入文本区域元素的方法为：选择【插入】/【表单】/【文本区域】菜单命令，或在"插入"面板的"表单"列表中单击"文本区域"按钮 文本区域。文本区域元素"属性"面板如图8-15所示。

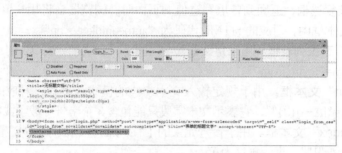

图8-15　文本区域元素"属性"面板

文本区域元素"属性"面板中相关选项的含义如下。

● **Rows/Cols**。用于指定文本区域的行数（对应的HTML代码如"rows="6""）和列数（对应的HTML代码如"cols="100""）。当文本的行数大于指定值时，出现滚动条，方便用户拖曳滚动条查看隐藏的内容。另外，列数是指横向可输入的字符数。

● **Wrap**。用于设置文本的换行方式。对应的HTML代码为"wrap="soft""或"wrap="hard""。"Wrap"属性有"默认""Soft""Hard"3个选项。"Soft"表示提交表单时，文本区域元素中的文本不换行；"默认"即为"Soft"效果；"Hard"表示提交表单时，文本区域元素中的文本会换行（包含换行符）。使用"Hard"选项时，必须设置"Cols"属性值。

（4）数字元素。数字（Number）元素中输入的内容只包含数字，其"属性"面板比文本元素的"属性"面板多了"Min"（对应的HTML代码如"min="3""）、"Max"（对应的HTML代码如"max="8""）和"Step"（对应的HTML代码如"step="1""）属性。其中，"Min"用于规定输入数字的最小值，"Max"用于规定输入数字的最大值，"Step"用于规定输入数字的合法数字间隔。在Dreamweaver CC 2018中插入数字元素的方法为：选择【插入】/【表单】/【数字】菜单命令，或在"插入"面板的"表单"列表中单击"数字"按钮 数字，如图8-16所示。

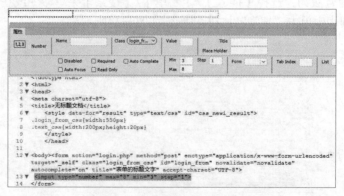

图8-16　数字元素"属性"面板

（5）范围元素。范围（Range）元素用于设置包含某个数字的值范围，其"属性"面板与数字元素的"属性"面板基本相同，只是少了"Required"和"Read Only"复选框。在Dreamweaver CC 2018中插入范围元素的方法为：选择【插入】/【表单】/【范围】菜单命令，或在"插入"面板的"表单"列表中单击"范围"按钮 ⬚ 范围，如图8-17所示。

（6）密码元素。密码（Password）元素用于输入密码，其外观与文本元素基本相同，只是在密码元素中输入密码后，密码会以"*"或"."符号显示，以提高密码的安全性。其"属性"面板也与文本元素"属性"面板基本相同，只是密码元素少了"List"属性。在Dreamweaver CC 2018中插入密码元素的方法为：选择【插入】/【表单】/【密码】菜单命令，或在"插入"面板的"表单"列表中单击"密码"按钮 ** 密码，如图8-18所示。

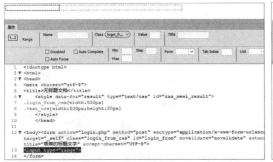

图 8-17　范围元素"属性"面板

图 8-18　密码元素"属性"面板

（7）Url元素。Url（地址）元素主要用于输入和编辑Url，在提交表单前，会自动验证输入的内容，以确保其为空或格式正确。Url元素"属性"面板与文本元素"属性"面板完全相同。在Dreamweaver CC 2018中插入Url元素的方法为：选择【插入】/【表单】/【Url】菜单命令，或在"插入"面板的"表单"列表中单击"Url"按钮 ⑧ Url，如图8-19所示。

（8）Tel元素。Tel（电话）元素是一个单行纯文本编辑控件，主要用于输入电话号码，其"属性"面板与文本元素"属性"面板完全相同。在Dreamweaver CC 2018中插入Tel元素的方法为：选择【插入】/【表单】/【Tel】菜单命令，或在"插入"面板的"表单"列表中单击"Tel"按钮 📞 Tel，如图8-20所示。

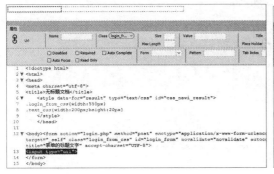

图 8-19　Url 元素"属性"面板

图 8-20　Tel 元素"属性"面板

（9）电子邮件元素。电子邮件（Email）元素主要用于输入和编辑电子邮件地址。在Dreamweaver CC 2018中插入电子邮件元素的方法为:选择【插入】/【表单】/【电子邮件】菜单命令，或在"插入"面板的"表单"列表中单击"电子邮件"按钮 ⊠ 电子邮件。电子邮件元素"属性"面板与文本元素"属性"面板基本相同，只是其"属性"面板多了一个"Multiple"复选框，如图 8-21 所示。选中该复选框，可以在电子邮件元素中输入一个以上的字符。

（10）月元素。月（Month）元素主要是用于选择月和年，该元素的"属性"面板与数字元素"属性"面板基本相同，只是设置属性的显示方式不同。在Dreamweaver CC 2018中插入月元素的方法为：选择【插入】/【表单】/【月】菜单命令，或在"插入"面板的"表单"列表中单击"月"按钮 📅 月，如图8-22所示。

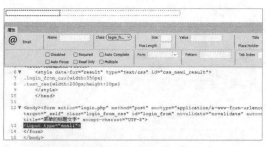

图8-21　电子邮件元素"属性"面板

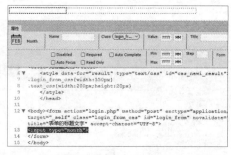

图8-22　月元素"属性"面板

（11）日期、时间元素。日期（Date）元素主要用于选择日期，而时间（Time）元素主要用于选择时间，日期、时间元素的"属性"面板与月元素的"属性"面板基本相同。在Dreamweaver CC 2018中插入日期元素的方法为：选择【插入】/【表单】/【日期】菜单命令，或在"插入"面板的"表单"列表中单击"日期"按钮 📅 日期。插入时间元素的操作与日期元素类似，只是在选择菜单命令时，选择【插入】/【表单】/【时间】菜单命令，或单击"插入"面板表单列表中的"时间"按钮 ⊙ 时间。

（12）日期时间、日期时间（当地）元素。日期时间（DateTime）元素主要用于选择日期和时间（带时区），而日期时间（当地）（DateTime-Local）元素主要用于选择日期和时间（无时区）。这两个元素的"属性"面板相同。在Dreamweaver CC 2018中插入日期时间或日期时间（当地）元素的方法为：选择【插入】/【表单】/【日期时间】或【日期时间（当地）】菜单命令，或在"插入"面板的"表单"列表中单击"日期时间"按钮 📅 日期时间，如图8-23所示。

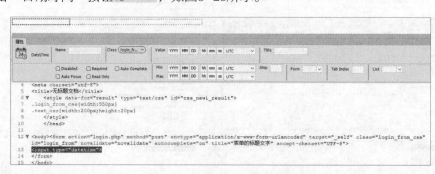

图8-23　日期时间"属性"面板

（13）周元素。周（Week）元素主要用于选择周和年，其"属性"面板与月元素"属性"面板基本相同。在Dreamweaver CC 2018中插入周元素的方法为：选择【插入】/【表单】/【周】菜单命令，或在"插入"面板的"表单"列表中单击"周"按钮 🛗 周，如图8-24所示。

图8-24　周元素"属性"面板及其浏览器中的显示效果

（14）颜色元素。颜色（Color）元素主要用于输入颜色值。在该元素的"属性"面板中"Value"属性后，增加了一个 🔲 按钮，单击该按钮，在弹出的"颜色"面板中，可选择某颜色作为"Value"的初始值，如图8-25所示。

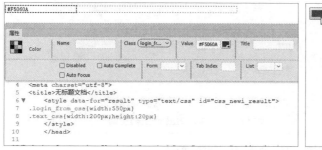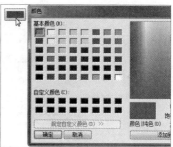

图8-25　设置颜色元素属性

2. 插入按钮

按钮用于提交表单。按钮包括提交按钮、重置按钮、图像按钮3种，下面先讲解按钮元素，然后对不同的按钮进行介绍。

（1）按钮元素。按钮（Button）元素是指网页文档中表示按钮时使用的表单元素。

（2）提交按钮。提交（Submit）按钮起到提交表单的作用，按钮上面的文本可以修改为"发送"或"登录"等。图8-26所示为提交按钮的"属性"面板。

图8-26　提交按钮"属性"面板

提交按钮"属性"面板中部分选项的含义如下。

● **"Name"文本框**。用于设置按钮的名称，通常为必填项，用于区分不同的按钮。

● **"Form Action"文本框**。用于设置单击提交按钮后，表单的提交动作。

● **"Form Method"下拉列表框**。用于设置将表单数据发送到服务器的方法，包括"默认""POST""GET"选项。

● **"Value"文本框**。用于设置提交按钮上显示的提示文本，如"提交""登录""获取验证码"等。

● **"Title"文本框**。用于设置当鼠标指针移动到该按钮上时显示的提示内容。

● **"Form No Validate"复选框**。用于设置提交表单时是否对其进行验证。

● **"Form Enc Type"下拉列表框**。用于设置发送数据的编码类型，通常选择"application/x-www-form-urlencoded"选项。

● **"Form Target"下拉列表框**。用于设置表单被处理后，反馈页面的打开方式。

（3）重置按钮。重置（Reset）按钮可删除已填写或选择的表单内容，使其恢复最初状态，即重置表单。重置按钮的"属性"面板与提交按钮的"属性"面板基本相同。重置按钮"属性"面板如图8-27所示。

图8-27　重置按钮"属性"面板

（4）图像按钮。为了美化页面，设计人员会先设计图像按钮的效果，然后将该效果作为图像按钮的源文件，导入到网页。注意，图像按钮只能用作表单的提交按钮，在一个表单中可以使用多个图像按钮。另外，使用"插入"面板插入图像按钮时，会打开"选择图像源文件"对话框，在该对话框中选择制作好的图像源文件，插入图像后将得到美观的图像按钮，如图8-28所示。

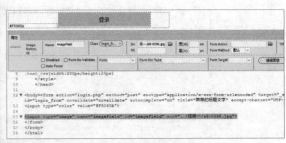

图8-28　图像按钮效果

图像按钮的"属性"面板与其他按钮的"属性"面板有所不同，图像按钮在其他按钮的基础上增加了一些属性，如图8-29所示。

图 8-29　图像按钮"属性"面板

下面对图像按钮"属性"面板中新增选项分别进行介绍。

● "Src"文本框。用于设置显示图像源文件的路径，若想选择其他图像，可以单击"浏览文件"按钮 ，在打开的对话框中选择新图像。
● "Alt"文本框。用于设置在浏览网页过程中出现不能正常显示图像按钮的情况时显示的说明文本，除此之外，"Alt"也可以作为图像按钮的提示文本。
● "宽"文本框。用于设置图像按钮的宽度。
● "高"文本框。用于设置图像按钮的高度。
● 编辑图像 按钮。单击该按钮，可以使用外部图像编辑软件来编辑图像按钮。

3. 插入选择类元素

网页中有时候需要进行选择操作，如选择性别、车型、城市等，此时需要用到选择类元素。选择类元素主要用于在多个选项中选择其中的一个选项，它在页面中一般以矩形区域的形式显示。下面对不同选择类元素进行介绍。

（1）选择元素。选择（Select）元素也可以称为列表或菜单元素，该元素可以提供多个选项供用户选择。

使用菜单命令或"插入"面板插入选择元素后，"属性"面板中将显示选择元素的相关属性，如图8-30所示。

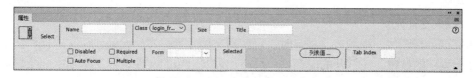

图 8-30　选择元素"属性"面板

选择元素"属性"面板中特有选项的含义如下。

● "Multiple"复选框。用于设置是否允许选择多个选项，选中该复选框表示允许。
● "Selected"列表框。用于设置选择的初始选项。
● 列表值... 按钮。用于设置该选择元素的各选项及对应值。

（2）单选按钮和单选按钮组元素。使用单选按钮（Button）元素只能选中一个单选按钮。超过两个以上的单选按钮应将其组成一个组，即单选按钮组。同一个组中单选按钮的组名必须相同，并为"Value"属性设置不同的值，便于用户选中该单选按钮时，将具体的值传给服务器，从而进行区分。图8-31所示为单选按钮元素的"属性"面板，其中的"Checked"复选框主要用于设置单选按钮是否为选中状态。

图8-31　单选按钮元素"属性"面板

使用菜单命令或"插入"面板插入单选按钮组时，会打开"单选按钮组"对话框，在该对话框中可以一次性插入多个单选按钮，如图8-32所示。

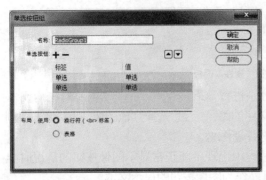

图8-32 "单选按钮组"对话框

"单选按钮组"对话框中相关选项含义如下。

● **"名称"文本框**。主要用于设置单选按钮组的名称。

● **"标签"列表框**。主要用于设置单选按钮的文本说明。

● **"值"列表框**。主要用于设置单选按钮的值。

● **"换行符"单选按钮**。主要用于设置单选按钮组中的单选按钮是否换行，选中表示换行。

● **"表格"单选按钮**。用于设置以表格的形式，使单选按钮换行。

（3）复选框和复选框组元素。使用复选框（Checkbox）元素可选择多个复选框。复选框也可以组成组，即复选框组，其"属性"面板与单选按钮的"属性"面板相同。

与插入单选按钮组一样，插入复选框组时，会打开"复选框组"对话框，其选项与单选按钮组相同。

4. 插入文件元素

当需要上传图像、视频或文档等时，可使用文件元素。文件元素包括文本框和按钮，单击文件元素中的按钮，在打开的对话框中可添加需要上传的文件，而文本框中则会显示文件路径，如图8-33所示。

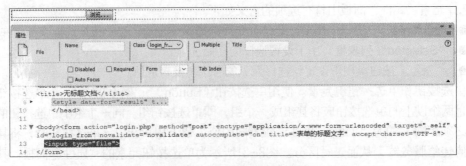

图8-33 文件元素"属性"面板

5. 插入隐藏元素

当页面中必须存在某些属性，但不需要用户进行任何操作时，可使用隐藏元素。隐藏（Hidden）元素主要用于传送不能让用户查看的数据，以提高数据传输的安全性。在表单中插入隐藏元素后，隐藏元素以 图标显示，而且该元素只有"Name"（定义隐藏元素的名称，同一个表单中该元素不能重名）、"Value"（定义隐藏元素的值）和"Form"3个属性。

> **知识提示** **插入标签和域集**
>
> 　　除了以上介绍的表单元素外，Dreamweaver CC 2018还能插入标签和域集。在表单中插入标签后可以在标签中输入文本，但Dreamweaver CC 2018只能在代码视图中使用HTML代码进行标签插入。域集可将表单的一部分打包，生成一组与表单相关的字段。

（四）使用jQuery UI表单

jQuery UI表单不仅可以制作特殊效果，还包含了一系列表单组件，如Button组件、Buttonset组件、Checkbox Buttons组件、Radio Buttons组件等。jQuery UI表单的使用方法很简单，只需选择【插入】/【jQuery UI】菜单命令，在弹出的子菜单中选择需插入的表单，或在"插入"面板的"jQuery UI"列表中单击表单对应的按钮。下面介绍较常用的jQuery UI表单。

1. Button组件

Button组件主要用于增强表单中的Button、Input和Anchor元素的显示效果。在网页文档中插入Button组件后，Dreamweaver CC 2018会添加相应的CSS样式及JavaScript脚本代码。在Button"属性"面板中可以设置Button组件的属性，如图8-34所示。

图8-34　Button"属性"面板

Button"属性"面板中相关选项的含义如下。

- **"ID"文本框**。用于设置Button的名称。
- **"Label"文本框**。用于设置Button上显示的文本。
- **"Icons"下拉列表框**。用于设置显示在标签文本左侧和右侧的图标。
- **"Disabled"复选框**。用于设置是否禁用按钮，该复选框处于选中状态表示禁用按钮。
- **"Text"复选框**。用于设置是否隐藏标签，该复选框处于选中状态表示隐藏标签。

2. Buttonset组件

Buttonset组件用于对Button进行分组。插入Buttonset组件后，可以在Buttonset"属性"面板中设置其属性，如图8-35所示。

图8-35　Buttonset"属性"面板

Buttonset"属性"面板中相关选项的含义如下。

- **"ID"文本框**。用来设置Buttonset的名称。
- **"Buttons"列表框**。在列表框中显示Buttonset中的各项目，单击列表框右侧的各按钮可以对列表框中的项目进行上移、下移、添加或删除操作。

3. Checkbox Buttons组件

Dreamweaver CC 2018可以把类型为"Checkbox"的input元素变为按钮，此类型的按钮主要有两种状态，一种是原始状态；另一种是按下按钮后的状态。在Dreamweaver CC 2018中插入Checkbox Buttons组件后，可以在该元素的"属性"面板中设置其属性。其外观和"属性"面板都与Buttonset组件相同。

4. Radio Buttons组件

jQuery UI中的单选按钮即Radio Buttons组件，可将表单中"Type"为Radio的组件组成一个单选按钮组。并且只能在单选按钮组中选择一个单选按钮作为当前状态。

Radio Buttons 组件的插入方法及"属性"面板都与 Buttonset 组件相同。

5. Datepicker组件

Datepicker是一个用于从弹出的日历窗口中选择日期的jQuery UI组件。使用该组件可以快速创建日历。在Dreamweaver CC 2018中插入Datepicker组件很方便，只需选择【插入】/【jQuery UI】/【Datepicker】菜单命令即可。插入的Datepicker组件将自动添加与jQuery UI相关的CSS样式及JavaScript脚本代码。

插入Datepicker组件后，可在Datepicker"属性"面板中对Datepicker组件的相关属性进行设置，如图8-36所示。

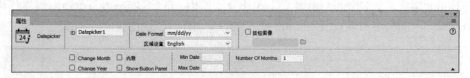

图8-36　Datepicker"属性"面板

Datepicker"属性"面板中相关选项的含义如下。

● "ID"文本框。用于设置 Datepicker 的名称。
● "Date Format"下拉列表框。用于设置日期的显示格式。
● "按钮图像"复选框。用于设置按钮图像的表示形式，选中"按钮图像"复选框，在其下方单击"浏览文件"按钮 ，在打开的对话框中选择图像。
● "区域设置"下拉列表框。用于设置日期控件的显示语言。
● "Change Month"复选框。用于设置是否允许通过下拉列表框选择月份。
● "内联"复选框。用于设置是否使用 Div 显示 Datepicker 组件。
● "Change Year 复选框。用于设置是否允许通过下拉列表框选择年份。
● "Show Button Panel"复选框。用于设置是否在控件下方显示按钮。
● "Min Date"文本框。用于设置一个最小的可选日期。
● "Max Date"文本框。用于设置一个最大的可选日期。
● "Number Of Months"文本框。用于设置一次要显示多少个月份。

6. AutoComplete组件

AutoComplete是一个在文本输入框中实现自动填充内容的jQuery UI组件。要在页面中插入AutoComplete组件，需在"插入"面板的"jQuery UI"列表中单击"AutoComplete"按钮 Autocomplete ，或选择【插入】/【jQuery UI】/【AutoComplete】菜单命令。

插入AutoComplete组件后，可在AutoComplete"属性"面板中设置该组件的各种属性，如图8-37所示。

图8-37　AutoComplete"属性"面板

AutoComplete"属性"面板中相关选项的含义如下。

● **"ID"文本框**。用于设置 AutoComplete 的名称。
● **"Source"文本框**。用于设置脚本源文件。
● **"Min Length"文本框**。用于设置在触发 AutoComplete 前用户至少需要输入的字符个数。
● **"Delay"文本框**。用于设置单击后激活 AutoComplete 的延迟时间，单位为毫秒。
● **"Append To"文本框**。用于设置菜单必须追加到的元素。
● **"Auto Focus"复选框**。用于设置焦点是否自动定位到第一个项目。
● **"Position"下拉列表框**。用于设置 AutoComplete 相对于菜单的对齐方式。

三、任务实施

（一）创建表单并设置属性

下面在提供的素材中插入表单，然后设置表单的属性，具体操作如下。

微课视频

创建表单并设置属性

（1）启动Dreamweaver CC 2018，打开"login.html"网页文档，将插入点定位到网页右侧名为"login_title"的Div中，选择【插入】/【表单】/【表单】菜单命令，完成表单的插入，如图8-38所示。

图8-38　插入表单

（2）将鼠标指针移动到红色虚线上单击以选择该表单，或将鼠标指针移动到红色虚线框内单击，将插入点定位到表单中，按【Ctrl+F3】组合键打开"属性"面板，进行图8-39所示的设置，包括设置"ID"为"frm_login"、"Action"为"login.php"、"Title"为"会员登录"，然后在"Accept Charset"下拉列表框中选择"UTF-8"选项。

图8-39　表单属性设置

（二）插入表单元素并设置属性

下面在创建的表单中插入各种表单元素，并为其设置相应的属性，具体操作如下。

微课视频

插入表单元素并设置属性

（1）将插入点定位到表单中，插入一个4行1列的表格，表格设置如图8-40所示，完成后单击"确定"按钮。

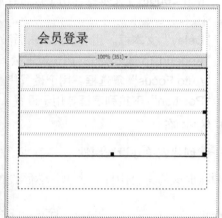

图8-40　插入表格

（2）将插入点定位到表格的第1行，选择【插入】/【表单】/【文本】菜单命令插入文本元素，在"属性"面板中设置文本元素属性，包括设置"Name"为"username"，在"Class"下拉列表框中选择"login_input"选项，设置"Place Holder"为"输入账号/手机号"，如图8-41所示。

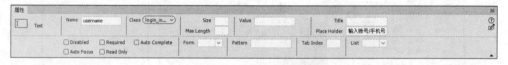

图8-41　插入文本元素并设置属性

（3）选择"Text Field"文本并将其修改为"用户名"，如图8-42所示。

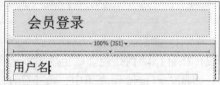

图8-42　修改文本内容

（4）将插入点定位到表格第2行，在"插入"面板中选择"表单"选项，然后在"表单"列表中单击"密码"按钮 ✱✱ 密码 ，如图8-43所示。

（5）在保持密码元素被选中的状态下，在"属性"面板中设置"Name"为"password"，在"Class"下拉列表框中选择"login_input"选项。在设计视图中将"Password"文本修改为"密　码"，效果如图8-44所示。

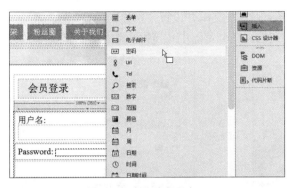

图8-43　插入密码元素　　　　　　　　　　　图8-44　修改文本

（6）将插入点定位到表格第3行，选择【插入】/【iQuery UI】/【Button】菜单命令插入Button组件，在"属性"面板中设置其属性，包括设置"ID"为"btn_login"、"Label"为"立即登录"，如图8-45所示。

图8-45　插入Button组件并设置其属性

（7）切换到代码视图，添加CSS样式代码，如图8-46所示。

（8）按【Ctrl+S】组合键保存网页，打开图8-47所示的对话框，单击 **确定** 按钮。

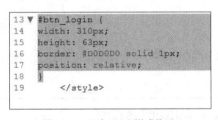

图8-46　添加CSS样式代码　　　　　　图8-47　"复制相关文件"对话框

（9）切换到设计视图，将插入点定位到表格最后一行，选择【插入】/【表单】/【复选框】菜单命令插入复选框元素，在"属性"面板中设置"Name"为"save_pwd"，如图8-48所示。

（10）选择"Checkbox"文本，将其修改为"记住密码"，如图8-49所示。

图8-48　插入复选框元素　　　　　　　　图8-49　修改文本

（11）在图8-50所示位置输入"忘记密码？"文本并设置"链接"为"#"。

（12）按【Ctrl+S】组合键保存网页文档，在浏览器中预览网页效果，如图8-51所示。

图8-50　添加超链接文本

图8-51　预览网页效果

任务二　制作"圈粉"网站登录交互页面

网页除了展示静态内容外，还需要实现与用户的交互，如登录网页时，不能直接把数据提交给处理程序，而是先检查提交数据的完整性与合法性，然后再把数据提交给处理程序，此时就要用到"行为"。行为是由JavaScript编写的代码，用于实现一些特殊的功能。下面对JavaScript行为的效果进行介绍。

高清彩图

"圈粉"网站登录交
互页面

一、任务目标

本任务使用行为为"圈粉"网站登录页面制作交互功能，以实现对表单元素的检查。本任务制作完成后的最终效果如图8-52所示。

 素材所在位置　素材文件\项目八\任务二\login_js.html
效果所在位置　效果文件\项目八\任务二\login_js.html

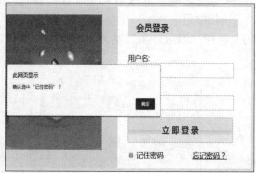

图8-52　"圈粉"网站登录交互页面

二、相关知识

行为是用来动态响应用户操作、改变当前页面效果或执行特定任务的一种方法，下面先认识行为，再对行为的使用方法进行介绍。

（一）认识行为

Dreamweaver CC 2018中的行为是由事件和动作组成的。例如，当用户把鼠标指针移动至对象上（称：事件），这个对象会发生预定义的变化（称为动作）。

1. 事件

一般情况下，每个浏览器都会提供一组事件，不同的浏览器有不同的事件，常用的事件大部分浏览器都支持。常用的事件及事件说明如下。

- **onLoad**。当载入网页时触发。
- **onUnload**。当用户离开页面时触发。
- **onMouseOver**。当鼠标指针移入指定元素范围内时触发。
- **onMouseDown**。当用户按下鼠标左键但没有释放时触发。
- **onMouseUp**。当用户释放鼠标左键后触发。
- **onMouseOut**。当鼠标指针移出指定元素范围时触发。
- **onMouseMove**。当用户在页面上拖曳鼠标指针时触发。
- **onMouseWheel**。当用户使用鼠标滚轮时触发。
- **onClick**。当用户单击了指定的网页元素，如链接、按钮或图像后触发。
- **onDblClick**。当用户双击了指定的网页元素后触发。
- **onKeyDown**。当用户按下任意按键，但没有释放之前触发。
- **onKeyUp**。当用户释放了被按下的按键后触发。
- **onKeyPress**。当用户任意按下任意按键，并释放该按键时触发，该事件是onKeyDown事件和onKeyUp事件的组合事件。
- **onFocus**。当指定的元素（如文本框）变成交互的焦点时触发。
- **onBlur**。和onFocus事件相反，当指定元素不再作为交互的焦点时触发。
- **onAfterUpdate**。当页面上绑定的数据元素完成数据源更新之后触发。
- **onBeforeUpdate**。当页面上绑定的数据元素已经修改并且将要失去焦点时，也就是数据源更新之前触发。
- **onError**。当浏览器载入页面发生错误时触发。
- **onFinish**。当用户在选择元素的内容中完成一个循环时触发。
- **onHelp**。当用户选择浏览器中的【帮助】菜单命令时触发。
- **onMove**。当移动浏览器窗口或框架时触发。

2. 行为

行为是预先编写好的一段JavaScript代码，执行这些代码可实现特定的功能或效果，如打开浏览器窗口、显示弹出消息等。添加行为的操作需要通过"行为"面板来实现，方法为：选择【窗口】/【行为】菜单命令或按【Shift+F4】组合键打开"行为"面板，如图8-53所示。

"行为"面板中相关选项的含义如下。

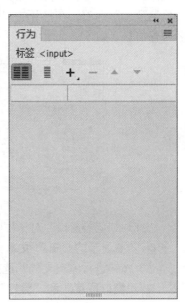

图8-53　"行为"面板

- "显示设置事件"按钮▤。用于显示已设置的事件列表。
- "显示所有事件"按钮▥。用于显示所有事件列表。
- "添加行为"按钮╋。单击该按钮，在打开的下拉列表中可选择一个行为并进行添加。
- "删除事件"按钮━。可进行行为的删除。
- "增加事件值"按钮▲。用于上移所选事件，若该按钮为灰色，则表示不能移动。
- "降低事件值"按钮▼。用于下移所选择事件，若该按钮为灰色，则表示不能移动。

（二）常见行为的用法

下面介绍Dreamweaver CC 2018中比较常见的一些行为，其他行为的使用方法以此类推。

1. 弹出窗口信息

弹出窗口信息行为的作用是弹出一个窗口并显示一些信息。创建弹出窗口信息行为的方法为：选择要添加行为的对象，在"行为"面板中单击"添加行为"按钮╋，在打开的下拉列表中选择"弹出信息"选项，在打开的"弹出信息"对话框的"消息"列表框中输入文本，单击 确定 按钮，如图 8-54 所示。返回"行为"面板，单击"onLoad"右侧的下拉按钮▼按钮可选择其他事件，如图 8-55 所示。

图8-54　设置弹出信息

图8-55　选择触发事件

2. 打开浏览器窗口

在浏览网页时，有时会弹出一个窗口，窗口中的内容一般为广告或通知等，这种效果可以使用打开浏览器窗口行为实现。

选择要添加该行为的对象，单击"添加行为"按钮╋，在打开的下拉列表中选择"打开浏览器窗口"选项，在打开的"打开浏览器窗口"对话框中可设置打开浏览器窗口的大小、名称等信息，如图8-56所示。

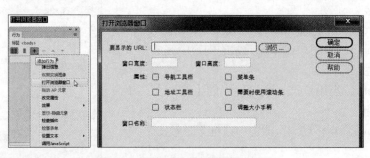

图8-56　添加"打开浏览器窗口"行为

"打开浏览器窗口"对话框中相关选项的含义如下。

- **"要显示的 URL"文本框**。用于设置要显示的网页的路径及文件名。可单击 浏览… 按钮进行网页文档的选择。
- **"窗口宽度"和"窗口高度"文本框**。用于设置打开浏览器窗口的宽度、高度，默认单位为像素。

- **"属性"选项组。** 用于设置打开浏览器窗口是否有导航工具栏、菜单条、地址工具栏、滚动条、状态栏和调整大小手柄等元素，选中相应复选框可增加该元素。
- **"窗口名称"文本框。** 用于设置打开浏览器窗口的名称，如果添加该行为时输入同样的窗口名称，则打开一个新窗口，显示新的内容。

3. 转到URL

转到URL行为可在当前窗口或指定的框架中打开一个新页面。添加转到URL行为的方法为：在"行为"面板中单击"添加行为"按钮 +，在打开的下拉列表中选择"转到URL"选项，打开"转到URL"对话框，如图8-57所示。

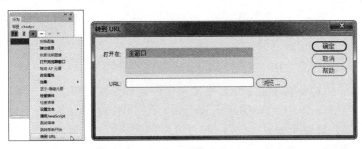

图8-57　添加转到URL行为

"转到URL"对话框相关选项的含义如下。

- **"打开在"列表框。** 主要用于设置 URL 在什么地方打开；如在框架页面中，该列表框中会自动列出当前框架集中所有框架的名称以及主窗口，选择相应的框架，指定网页就会在该框架中打开；如果无任何框架页面，则只显示主窗口，它也是唯一的选项。
- **"URL"文本框。** 用于设置链接文本或文件的路径，也可以单击"URL"文本框后的 浏览… 按钮，在打开的对话框中选择要打开的网页。

4. 检查表单

为了保证数据的有效性和完整性，在提交表单前，需要先检查与验证表单数据，通过检查与验证后，再将表单数据提交给服务器端的处理程序。使用检查表单行为的方法为：将鼠标指针移动到表单红色虚线框线上单击以选择整个表单，然后在"行为"面板中单击"添加行为"按钮 +，在打开的下拉列表中选择"检查表单"选项，打开"检查表单"对话框，在其中进行相关设置即可，如图8-58所示。

图8-58　添加检查表单行为

"检查表单"对话框中相关选项的含义如下。

- **"域"列表框。** 用于显示表单中所有的文本元素名称；要对表单中的某个表单元素进行设置，只需在域中单击该元素，再在下面的选项中进行设置即可;设置后，"域"列表框中的显示会进行相应的改变。

- "必需的"复选框。用于设置需要验证的对象是否为必填项。
- "任何东西"单选按钮。用于设置验证对象是否可接受输入内容为任意的类型。
- "数字"单选按钮。用于设置验证对象是否只能输入数字类型的内容。
- "电子邮件地址"单选按钮。用于设置验证对象是否只能输入电子邮件地址形式的文本，即带有"@"符号的电子邮件地址。
- "数字从"单选按钮。用于验证对象要输入内容的数值范围。

三、任务实施

（一）检查表单

下面以"圈粉"网站登录页面为例，讲解检查表单的方法，具体操作如下。

微课视频

检查表单

（1）使用Dreamweaver CC 2018打开"login_js.html"网页文档。
（2）将鼠标指针移动到表单红色虚线边框上单击以选择整个表单，或将插入点定位到表单中，单击Dreamweaver CC 2018窗口下方的"form"标签选择整个表单。
（3）在"行为"面板中单击"添加行为"按钮➕，在打开的下拉列表中选择"检查表单"选项，如图8-59所示。
（4）打开"检查表单"对话框，在"域"列表框中选择第一项，选中"必需的"复选框。
（5）在"域"下拉列表中选择第2项，选中"必需的"复选框，单击 确定 按钮完成检查表单的设置，如图8-60所示。
（6）返回"行为"面板，可看到添加的事件为"onSubmit"，检查表单操作完成。

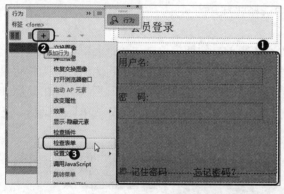

图8-59　添加检查表单行为

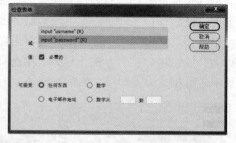

图8-60　设置检查表单

（二）弹出信息

下面为"记住密码"复选框添加弹出信息行为，具体操作如下。

微课视频

弹出信息

（1）选中"记住密码"复选框，在"行为"面板中单击"添加行为"按钮➕，在打开的下拉列表中选择"弹出信息"选项，如图8-61所示。
（2）在打开的"弹出信息"对话框中输入消息内容"确认选中'记住密码'？"，单击 确定 按钮，如图 8-62 所示。
（3）返回"行为"面板，可看到添加的事件为"onClick"，弹出信息操作完成。

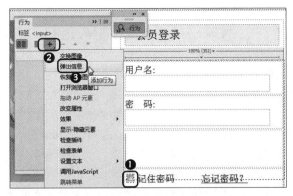

图8-61　添加弹出信息行为　　　　　　　　图8-62　设置弹出信息

实训一　制作"爱尚汽车"网站注册页面

【实训要求】

制作"爱尚汽车"网站注册页面，在网站注册页面中添加表单和表单元素，实现网站的注册功能，完成后的参考效果如图8-63所示。

【实训思路】

首先在网页中插入表单，并根据需求在表单中添加表单元素并设置其属性。

高清彩图

"爱尚汽车"网站注册页面

图8-63　"爱尚汽车"网站注册页面

素材所在位置　素材文件\项目八\实训一\reg.html
效果所在位置　效果文件\项目八\实训二\reg.html

【步骤提示】

（1）使用Dreamweaver CC 2018打开"reg.html"网页文档，将插入点定位到"您好，欢迎注册~"下方的Div中，插入一个表单并设置其属性。设置"ID"为"frm_reg"，"Action"为"reg.php"。

（2）在表单中插入文本元素，并设置文本元素属性，其中"Name"为"usrname"，"Class"为"ipt"，"Place Holder"为"请输入手机号码"。

微课视频

制作"爱尚汽车"网站注册页面

（3）在表单中"username"文本元素下方插入密码元素，并设置密码元素属性。设置
"Name"为"pwd"，"Class"为"ipt"，"Place Holder"为"请输入密码：长度
6~16，区分字母大小写"。

（4）在表单中"pwd"密码元素下方插入 jQuery UI Button组件，并设置其属性。设置
"ID"为"btn_reg"，"Lable"为"立即注册"。

（5）在表单中"btn_reg"Button组件下方插入一个Div，设置其"ID"为"agree"。

（6）在"agree"Div中插入复选框表单元素，并设置其属性。设置"Name"为"checkbox_
agr"，"Class"为"bd"，修改文本为"同意《会员注册协议》"，为"《会员注册
协议》"添加超链接"#"。

（7）将输入法切换到中文全角状态，按几次【space】键使文本与圆角矩形对齐，输入文本
"已经注册，点击直接登录"，为"直接登录"文本设置超链接为"#"。

实训二　制作"爱尚汽车"网站交互注册页面

【实训要求】

制作"爱尚汽车"网站交互注册页面，练习表单检查、弹出信息等操作，本实训的最终
参考效果如图8-64所示。

【实训思路】

根据实训要求，首先为表单添加检查表单行为，再为"同意《会员注册协议》"复选框添
加弹出信息行为。

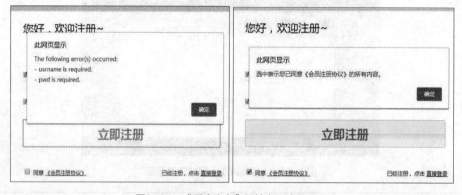

图8-64　"爱尚汽车"网站交互注册页面

 素材所在位置　素材文件\项目八\实训二\reg.html
效果所在位置　效果文件\项目八\实训二\reg.html

【步骤提示】

（1）打开"reg.html"网页文档，将插入点定位到表单中，在Dreamweaver
CC 2018窗口下方单击"<form>"标签以选择整个表单。

（2）添加检查表单行为，将"input "username""域设置为"必需的""数
字"，将"input "pwd""域设置为"必需的""任何东西"。

微课视频

制作"爱尚汽车"网
站交互注册页面

（3）选中"同意《会员注册协议》"复选框，添加弹出信息行为，其中消息内容为"选中表示您已同意《会员注册协议》的所有内容。"。

常见疑难解析

问　怎样修改行为？

答　在添加行为后，如果需要修改，则打开"行为"面板，在"行为"面板中双击需要修改的行为，重新打开相应的对话框，重新设置属性。

问　为什么在"行为"面板里面看不到添加的行为？

答　行为是依附网页中的对象而存在的，如检查表单行为是针对表单的，如果要重新编辑行为，则应将插入点定位到表单中或选择整个表单，并通过"行为"面板检查表单行为。其他行为也是一样的，如给"同意"复选框添加了弹出信息行为，则应先选中"同意"复选框，再在"行为"面板中查看该行为。

问　为什么单击表单进行提交后不返回信息呢？

答　表单只是一个搜集信息的工具，提交表单后还要有相应的程序来对表单进行处理。因此除了制作表单页面，还需制作处理程序的页面，如"reg.php"页面，在其中添加相应的程序代码来处理表单页面提交的信息，然后再反馈结果给用户。

拓展知识

1. 利用CSS样式来美化表单元素

利用CSS样式可以美化表单元素，让表单元素更美观，如使用".ipt {height:25px;border: 0 none; border-bottom: 1px solid #eee; padding: 0; width: 450px;}"CSS样式可让文本表单元素显示为只有一条下划线的效果，让文本框更简洁。

2. 自己编写JavaScript脚本增强表单验证功能

Dreamweaver CC 2018的检查表单行为提供了一些对表单的简单验证功能，但实际使用时这些功能可能不够用，此时需要用户自己编写JavaScript脚本增强表单验证功能。

课后练习

（1）制作"搜索表单"网页，要求添加表单并设置其属性，添加文本元素和jQuery UI Button组件，并设置其属性，完成后的最终效果如图8-65所示。

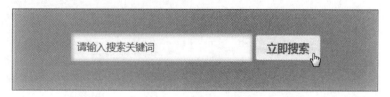

图8-65　"搜索表单"网页

素材所在位置　素材文件\项目八\练习一\search.html
效果所在位置　效果文件\项目八\练习一\search.html

（2）制作"搜索表单"交互网页，为表单添加检查表单行为，完成后的最终效果如图8-66
所示。

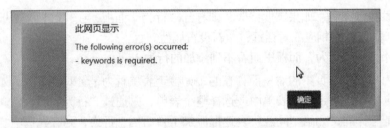

图8-66　"搜索表单"交互网页

素材所在位置　素材文件\项目八\练习二\search_js.html
效果所在位置　效果文件\项目八\练习二\search_js.html

项目九

制作移动端网页

情景导入

随着移动互联网技术的飞速发展，老洪和米拉所在的公司将进行移动端网页项目的制作。老洪对米拉说："米拉，接下来我们要做一个移动端的门户网站，你准备好了吗？"米拉问道："移动端的门户网站？它和PC端的网站不一样吗？"老洪告诉米拉，随着手机、平板电脑的普及和高频使用，移动端网站越发重要。移动端网站和PC端网站在制作方法上存在很大的差异，需要好好学习。

学习目标

- 掌握制作移动端门户网站主页的方法
  如认识jQuery Mobile 、创建jQuery Mobile页面、使用jQuery Mobile组件等。

- 掌握创建PHP页面的方法
  如安装PHP服务器、编辑PHP页面、浏览PHP页面等。

案例展示

▲ 制作移动端门户网站主页

▲ 创建PHP页面

任务一　制作移动端门户网站主页

　　如今，网站已不局限于PC端，很多用户会使用移动端工具访问网站，这不仅体现了手机发展带来的影响，还体现了当今科技发展的变化。下面以Dreamweaver CC 2018为例，讲解制作移动端门户网站主页的方法。

一、任务目标

　　使用Dreamweaver CC 2018的jQuery Mobile功能制作移动端门户网站主页。在制作时先了解jQuery Mobile的基础知识，再对创建jQuery Mobile页面、使用jQuery Mobile组件的方法进行介绍。本任务制作完成后的效果如图9-1所示。

高清彩图

移动端门户网站主页效果

素材所在位置	素材文件\项目九\任务一\img\
效果所在位置	效果文件\项目九\任务一\index.html

图9-1　移动端门户网站主页效果

二、相关知识

　　在进行移动端门户网站的主页制作前，需要先认识jQuery Mobile，然后了解创建jQuery Mobile页面和使用其组件的方法。

（一）认识jQuery Mobile

　　jQuery Mobile是用于创建移动网站应用的前端开发框架，常用于智能手机与平板电脑的网站页面制作。jQuery Mobile构建于jQuery 和jQuery UI部件库之上，可以使用少量的HTML5、CSS3、JavaScript和ATAX（Asynchronous JavaScript and XML，异步的 JavaScript和XML）脚本来灵活地布局移动端页面，而且几乎兼容所有的移动设备。

1. jQuery Mobile的基本特性

jQuery Mobile的基本特性主要有以下5点。

● **简单易用**。jQuery Mobile框架简单易用，使用标签就可开发页面，使用JavaScript就能制作网页。

- **兼容性强。**jQuery Mobile同时支持高端和低端设备，为没有JavaScript支持的设备尽量提供好的体验。
- **可以辅助残障人士访问Web网页。**jQuery Mobile拥有Accessible Rich Internet Applications（WAIARIA）支持，可以辅助残障人士访问Web网页。
- **框架小。**jQuery Mobile的整体框架比较小，JavaScript库为12KB，CSS为6KB，其中还包括一些图标。
- **提供丰富的应用程序样式。**在jQuery Mobile框架中提供了主题系统，允许用户提供自己的应用程序样式。

2. jQuery Mobile支持的浏览器

手机浏览器一般是基于开源浏览器内核（webkit）开发的，只要开源浏览器内核支持jQueryMobile框架，手机浏览器就支持jQueryMobile，当然也会存在一定的差异，推荐使用jQuery Mobile框架，因为该框架兼容性更好。

jQuery Mobile在移动设备浏览器支持方面取得了重大进步，但并非所有的移动设备都支持HTML5、CSS3和JavaScript。jQuery Mobile 的理念是同时支持高端和低端设备，对于没有JavaScript 支持的设备，也尽量提供更好的体验。

（二）创建jQuery Mobile页面

在Dreamweaver CC 2018中集成了jQuery Mobile，用户可以通过Dreamweaver CC 2018快速设计出适合大多数移动设备的Web页面。

在Dreamweaver CC 2018中创建移动端Web页面的方法为：选择【文件】/【新建】菜单命令，打开"新建文档"对话框，在左侧选择"新建文档"选项，在"文档类型"列表框中选择"HTML"选项，在"框架"的"文档类型"下拉列表框中选择"HTML5"选项，单击 创建(R) 按钮，如图9-2所示。

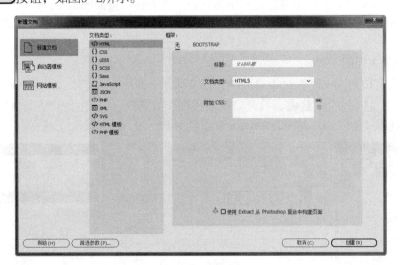

图9-2　新建文档

在"插入"面板中选择"jQuery Mobile"选项，切换到"jQuery Mobile"列表，单击"页面"按钮 页面，打开"jQuery Mobile文件"对话框，如图9-3所示，在其中进行设置后单击 确定 按钮即可。

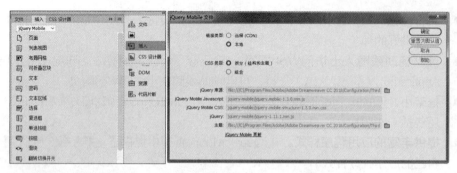

图9-3　创建jQuery Mobile页面

"jQuery Mobile文件"对话框中相关选项的含义如下。

- **"远程（CDN）"单选按钮**。表示支持承载 jQuery Mobile 文件的远程 CDN 服务器，并且尚未配置包含 jQuery Mobile 文件的站点，也可选择使用其他 CDN 服务器。
- **"本地"单选按钮**。用于显示 Dramweaver CC 2018 中提供的文件。
- **"拆分（结构和主题）"单选按钮**。表示使用被拆分成结构和主题组件的 CSS 文件。
- **"组合"单选按钮**。表示使用 CSS 文件。

> **知识提示**
>
> **保存 HTML5 页面**
>
> 　在创建 HTML5 页面后，应先保存网页，再执行插入 jQuery Mobile 页面的操作。否则在插入 jQuery Mobile 页面时，会提示"除非保存了该文件，否则无法解析文档相关的 URL"。

（三）使用jQuery Mobile组件

　　jQuery Mobile提供了许多组件，利用这些组件可为移动页面添加不同的网页元素，丰富页面内容，如列表视图、布局网格、可折叠区块、文本类元素、选择菜单、复选框和单选按钮等。

1. 添加列表视图

　　将插入点定位到jQuery Mobile页面中，在"插入"面板中的"jQuery Mobile"列表中单击"列表视图"按钮 [列表视图]，打开"列表视图"对话框，设置列表属性，单击 [确定] 按钮即可创建需要的列表，如图9-4所示。

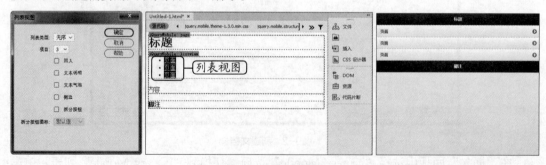

图9-4　创建列表视图

"列表视图"对话框中相关选项的含义如下。

- **"列表类型"下拉列表框**。在该下拉列表框中提供了"无序""有序"两个选项，列表视图与网页中的列表是相同的，可分为无序列表和有序列表。

- **"项目"下拉列表框**。该下拉列表框中提供了 1 ~ 10 个项目列表，可以根据需要选择项目列表的个数，默认为 3 个。
- **"凹入"复选框**。选中该复选框则插入的列表视图呈现凹陷状态。
- **"文本说明"复选框**。选中该复选框可添加有层次关系的文本，而且可以用标题标签 <h3> 和段落标签 <p> 进行强调。
- **"文本气泡"复选框**。选中该复选框，在列表项目后可添加带数字的圆圈，可将其作为计数文本气泡。
- **"侧边"复选框**。选中该复选框，在项目列表后可添加补充信息。
- **"拆分按钮"复选框**。选中该复选框，可启用"拆分按钮图标"功能。
- **"拆分按钮图标"下拉列表框**。在该下拉列表框中可以选择列表项目后面按钮图标的样式；要设置本项，需选中"拆分按钮"复选框；该下拉列表框包括"默认""警告""向下箭头"等选项。

2. 添加布局网格

因为移动设备的屏幕较窄，所以一般不会在移动设备上使用多栏布局的样式。但有时由于一些特殊要求，也需要将一些小的网页元素进行并排放置，这时可使用布局网格功能对网页进行布局。

将插入点定位到需要元素并排的位置，在"插入"面板中的"jQuery Mobile"列表中单击"布局网格"按钮 布局网格，在打开的"布局网格"对话框中设置行和列后，单击 确定 按钮即可创建相应的布局网格，如图9-5所示。

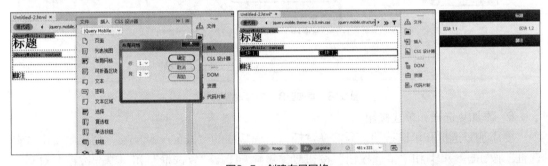

图9-5　创建布局网格

3. 添加可折叠区块

在页面中添加可折叠区块后可对内容进行折叠，要查看内容单击其标题即可，再次单击标题则可折叠下面的内容。添加可折叠区块的方法为：在"插入"面板中的"jQuery Mobile"列表中单击"可折叠区块"按钮 可折叠区块，在添加的区块中输入相应的标题和内容，如图 9-6 所示。

4. 添加文本类元素

同普通网页中的表单一样，在移动端网页中也可以添加一些文本、密码元素。在"插入"面板中的"jQuery Mobile"列表中单击"文本"按钮、"文本区域"按钮或"密码"按钮，可

图9-6　添加可折叠区块

在页面中添加相应的文本框、多行的文本域或密码框，用于输入信息，如图9-7所示。

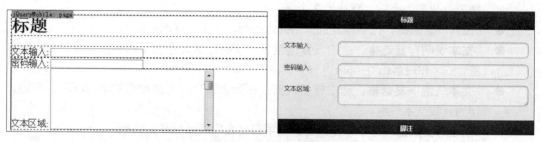

图9-7　文本类元素效果

5. 添加选择菜单

使用 jQuery Mobile 中的选择菜单能实现选择功能，而且通过 jQuery Mobile 框架可以自定义按钮和菜单的样式，使选择菜单的效果更美观。

添加选择菜单的方法为：在"插入"面板中的"jQuery Mobile"列表中单击"选择"按钮 选择，在页面中插入一个选择菜单，选择该菜单，在"属性"面板中单击 列表值… 按钮，在打开的"列表值"对话框中进行"项目标签"和"值"的设置，如图9-8所示。

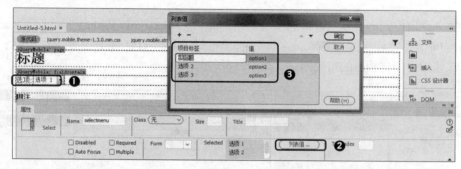

图9-8　添加选择菜单并设置其属性

6. 添加复选框和单选按钮

要添加复选框和单选按钮，只需在"插入"面板中的"jQuery Mobile"列表中单击"复选框"按钮 复选框 和"单选按钮"按钮 单选按钮，打开"复选框"和"单选按钮"对话框（两个对话框中的设置基本相同），然后设置名称、数量和布局方式即可，如图9-9所示。

图9-9　添加复选框和单选按钮

多学一招

设置复选框和单选按钮属性

　　添加了 jQuery Mobile 的复选框和单选按钮后，可选中其中的复选框和单选按钮，在"属性"面板中进行属性设置，其操作基本与普通的复选框和单选按钮相同。

7. 添加按钮

要添加按钮，只需在"插入"面板中的"jQuery Mobile"列表中单击"按钮"按钮 🗂 按钮，在打开的对话框中设置相关后，单击 确定 按钮即可，如图9-10所示。

图9-10　添加按钮

"按钮"对话框中各选项的含义如下。

● **"按钮"下拉列表框。**用于设置按钮的个数，选择两个以上的按钮才能使用"位置"和"布局"两个选项。

● **"按钮类型"下拉列表框。**用于设置按钮的类型，主要包括"链接""按钮""输入"3种类型；只有选择"输入"选项，才能激活"输入类型"选项。

● **"输入类型"下拉列表框。**在"按钮类型"下拉列表框中选择"输入"选项后，可在该下拉列表框中选择输入类型，其中包括"按钮""提交""重置""图像"等选项。

● **"位置"下拉列表框。**用于设置按钮的位置，包括"组"和"内"联两个选项。

● **"布局"选项组。**用于设置按钮布局方式。

● **"图标"下拉列表框。**用于设置按钮的图标。

● **"图标位置"下拉列表框。**用于设置按钮图标的位置，该选项只能在为按钮设置了图标样式后才能使用。

8. 添加滑块

jQuery Mobile 滑块添加了一个新的 HTML5 属性"type="range""，其添加方法为：在"插入"面板中的"jQuery Mobile"列表中单击"滑块"按钮 ⚙ 滑块，如图9-11所示。

9. 添加翻转切换开关

翻转切换开关有"开""关"两个选项，表示启用或不启用某项设置，其添加方法为：在"插入"面板中的"jQuery Mobile"列表中单击"翻转切换开关"按钮 🗂 翻转切换开关，如图9-12所示。

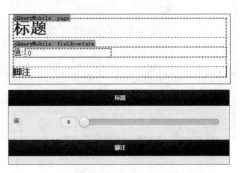

图9-11　添加滑块

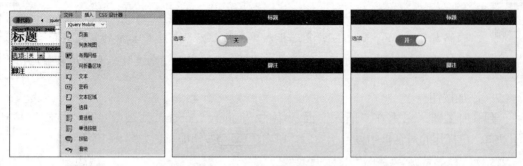

图9-12 添加翻转切换开关

10. 添加其他jQuery Mobile元素

在jQuery Mobile中，除了上面介绍的一些较为常用的jQuery Mobile元素外，还包括电子邮件、URL、搜索、数字、时间、日期、日期时间、周和月等与表单元素基本相同的元素，其添加方法与其他jQuery Mobile元素基本相同，都是在"插入"面板中的"jQuery Mobile"列表中进行添加。

三、任务实施

（一）创建jQuery Mobile页面

下面创建jQuery Mobile页面，具体操作如下。

（1）在Dreamweaver CC 2018中选择【文件】/【新建】菜单命令，在打开的"新建文档"对话框中选择"新建文档"选项，在"文档类型"列表框中选择"HTML"选项，然后在"框架"栏的"文档类型"下拉列表框中选择"HTML5"选项，单击 创建(R) 按钮，如图9-13所示。

（2）按【Ctrl+Shift+S】组合键，在打开的对话框中设置"文件名"为"index.html"，单击 保存(S) 按钮，完成网页文档的保存操作，如图9-14所示。

微课视频

创建 jQuery Mobile
页面

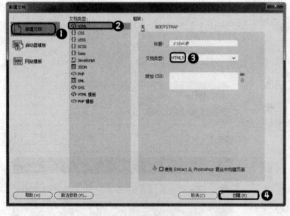

图9-13 新建文档 　　　　　　　图9-14 保存网页文档

（3）在"插入"面板中选择"jQuery Mobile"选项，切换到"jQuery Mobile"列表，单击"页面"按钮 页面。

（4）打开"jQuery Mobile文件"对话框，保持默认设置，单击 确定 按钮，如图9-15所示。

（5）打开"页面"对话框，保持默认设置，单击 确定 按钮，如图9-16所示。

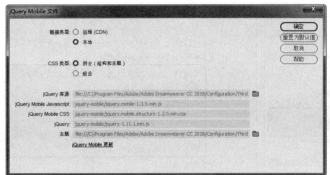

图9-15　"jQuery Mobile文件"对话框　　　　图9-16　"页面"对话框

（二）为页面添加内容

下面为页面添加内容，具体操作如下。

微课视频

为页面添加内容

（1）将插入点定位到"标题"处，单击窗口下方的<h1>标签，按【Delete】键删除<h1>标签及相应内容，如图9-17所示。

（2）在"插入"面板中的"jQuery Mobile"列表中单击"布局网格"按钮 布局网格，在打开的对话框中保持默认设置，单击 确定 按钮，如图9-18所示。

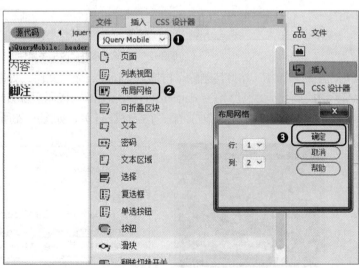

图9-17　删除<h1>标签及相应内容　　　　图9-18　插入布局网格

（3）选择"区块 1,1"，按【Delete】键将其删除，再插入jQuery Mobile的选择元素，并切换到拆分视图，选择"<label for="selectmenu" class="select">选项:</label>"，按【Delete】键将其删除，如图9-19所示。

（4）修改列表项代码（这样操作更快速，也可在"属性"面板中进行设置），如图9-20

所示。将第1个<option1>标签的"value"修改为"chengdu"，"选项 1"修改为"成
都"，其他以此类推。

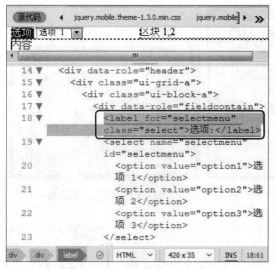

图9-19　删除标签代码　　　　　　　　　　图9-20　修改代码

（5）切换回设计视图，选择"区块 1,2"，按【Delete】键将其删除，再插入jQuery Mobile
的搜索元素，选择"搜索："文本，按【Delete】键将其删除。选择搜索框，打开"属
性"面板，设置"Place Holder"为"请输入搜索关键词"，如图9-21所示。

图9-21　删除文本并修改相关属性

（6）选择"内容"并将其删除，再插入"index.jpg"文件，如图9-22所示。
（7）切换到代码视图，在"data-role="content""代码后添加" style="border: 0px;padding:
0px;""（注意，此代码前有一个空格符号），如图9-23所示。

图9-22　插入图像

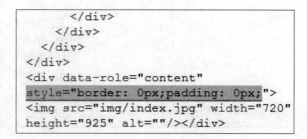

图9-23　添加CSS样式代码

任务二　创建PHP页面

移动端页面创建完成后，还需使用PHP之类的程序语言进行处理，以实现完整的功能。

一、任务目标

在Dreamweaver CC 2018中创建PHP页面，实现搜索功能效果演示。本任务制作完成后的最终效果如图9-24所示。

> 您选择的城市为：成都
> 您输入的关键词是：php

图9-24　PHP页面的搜索功能

素材所在位置　素材文件\项目九\任务二\menhu\
效果所在位置　效果文件\项目九\任务二\menhu\search.php

二、相关知识

要创建PHP页面，需要先安装PHP服务器，然后编辑PHP页面，并浏览PHP页面的效果。

（一）安装PHP服务器

集成的PHP开发服务器有很多，如XAMPP、WampServer、PHPNow、PHPStudy等，这里介绍USBWebserver服务器。搜索USBWebserver官网并从官网中下载USBWebserver安装程序，将安装程序解压到计算机磁盘中的"php_site"文件夹下。双击"usbwebserver.exe"即可启动服务器，而站点文件则存放在"root"文件夹中，如图9-25所示。

图9-25　安装usbwebserver服务器

（二）编辑PHP页面

编辑PHP页面需要先创建PHP页面，方法为：选择【文件】/【新建】菜单命令，在打开的"新建文档"对话框中选择"新建文档"选项，在"文档类型"列表框中选择"PHP"选项，单击 【创建(R)】 按钮，如图9-26所示。

创建PHP页面后，在图9-27所示的位置添加代码"<?php echo '欢迎您光临本网站！';?>"，按【Ctrl+S】组合键将其保存（注意要保存到USBWebserver服务器的"root"文件夹下）。

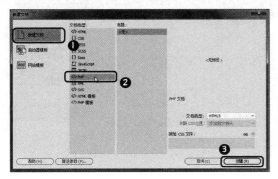

图9-26　创建PHP页面

图9-27　添加PHP代码

（三）浏览PHP页面

编辑PHP页面后，启动USBWebserver服务器。在浏览器中输入需访问的网址和网页文件名即可进行网页浏览，如"http://localhost/index.php"（如果要访问"index.php"，则可以省略输入网页文件名，直接输入"http://localhost/"），如图9-28所示。

图9-28　浏览PHP页面

三、任务实施

（一）安装PHP服务器

下载USBWebserver，并启动安装程序，具体操作如下。

（1）搜索USBWebserver官网并下载USBWebserver安装程序，将其解压到"D:"盘"menhu"文件夹下。

（2）将"menhu"文件夹下的所有文件及文件夹复制到D:\menhu\root目录下，如图9-29左图所示。

（3）双击"menhu"文件夹下"usbwebserver.exe"文件启动安装程序，如图9-29右图所示。

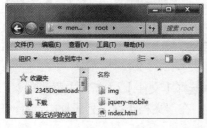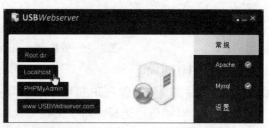

图9-29　下载并启动安装程序

（二）制作并浏览PHP页面

下面制作一个处理搜索表单信息的演示页面，其中不包括真正的处理过程（真正的处理过程需要调用数据库，比较复杂），只显示表单传递的属性及属性值，具体操作如下。

（1）选择【文件】/【新建】菜单命令，在打开的"新建文档"对话框中双击"PHP"选项，如图9-30所示。

（2）切换到代码视图，将插入点定位到文档首行，输入图9-30所示的代码。按【Ctrl+S】组合键保存网页，将其保存到D:\menhu\root目录下，文件名为"search.php"。

微课视频

制作并浏览 PHP 页面

```
1 ▼ <?php
2    if (isset($_GET["selectmenu"]))
3 ▼  {
4        echo "您选择的城市为:" .
             $_GET["selectmenu"] . "<br>";
5    }
6
7    if (isset($_GET["search"]))
8 ▼  {
9
10       echo "您输入的关键词是:"
            .$_GET["search"]. "<br>";
11   }
12   ?>
13   <!doctype html>
14 ▼ <html>
15 ▼ <head>
16   <meta charset="utf-8">
17   <title>无标题文档</title>
```

图9-30　制作PHP页面

（3）打开浏览器，在地址栏中输入"http://localhost"，选择"成都"选项。在搜索框中输入
　　　"php"，按【Enter】键提交表单，此时将调用"search.php"，效果如图9-31所示。

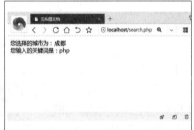

图9-31　浏览PHP页面

实训一　制作移动端页面

【实训要求】

　　使用jQuery Mobile组件制作移动端页面，然后预览效果。本实训的参考效果如图9-32
所示。

【实训思路】

　　先创建jQuery Mobile页面，并在页面中添加布局网格，然后在相应的位置插入网页
元素。

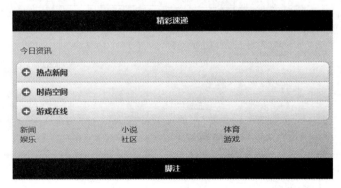

图9-32　移动端页面

效果所在位置 效果文件\项目九\实训一\sj.html

微课视频

制作移动端页面

【步骤提示】

（1）在Dreamweaver CC 2018中选择【文件】/【新建】菜单命令，在打开的"新建文档"对话框中设置"文档类型"为"HTML5"，单击 创建(R) 按钮创建新的页面。

（2）在"插入"面板的"jQuery Mobile"列表中单击"页面"按钮 页面，打开"jQuery Mobile文件"对话框，在"链接类型"选项中选中"本地"单选按钮，在"CSS类型"选项中选中"拆分"单选按钮，单击 确定 按钮。

（3）在打开的对话框中单击 确定 按钮插入jQuery Mobile页面，将插入点定位到"内容"文本后面，单击"插入"面板的"jQuery Mobile"列表中的"布局网格"按钮 布局网格(L)。

（4）在打开的"布局网格"对话框中设置布局网格为2行3列，单击 确定 按钮完成布局网格的插入。

（5）将插入点定位到布局网格上方，单击"插入"面板的"jQuery Mobile"列表中的"可折叠区块"按钮 可折叠区块，在页面中添加可折叠区块元素。

（6）在页面的各区块中输入相应内容。

（7）按【Ctrl+S】组合键保存网页。

实训二　制作登录表单验证页面

【实训要求】

高清彩图

登录表单验证页面

提交表单后，需要相应的验证页面对表单进行处理。本实训将制作登录表单验证页面，通过实训练习PHP服务器的安装，PHP页面的创建，PHP页面的浏览等操作。本实训的最终参考效果如图9-33所示。

【实训思路】

根据实训要求，首先安装PHP服务器，并根据需求制作PHP页面，最后浏览PHP页面。

图9-33　登录表单验证页面

素材所在位置 素材文件\项目九\实训二\login\
效果所在位置 效果文件\项目九\实训二\login.php

【步骤提示】

（1）下载USBWebserver安装包并将其解压到"D:"盘"login"文件夹下。

（2）将"login"文件夹下的所有文件及文件夹复制到D:\login\root目录下。

（3）双击"login"文件夹下的"usbwebserver.exe"文件，启动安装程序。

微课视频

制作登录表单验证页面

（4）选择【文件】/【新建】菜单命令，在打开的"新建文档"对话框中双击"PHP"选项。

（5）切换到代码视图，将插入点定位到文档开头，输入图9-34所示的代码。按【Ctrl+S】组合键保存网页，将其保存到D:\login\root目录下，文件名为"login.php"。

```php
1  <?php
2  if (isset($_POST["usrname"]))
3  {
4      echo "您输入的用户名为: " . $_POST["usrname"] . "<br>";
5  }
6
7  if (isset($_POST["password"]))
8  {
9          echo "您输入的密码: " .$_POST["password"]. "<br>";
10 }
11 if (isset($_POST["save_pwd"]))
12 {
13         echo "您记住密码的选择是: " .$_POST["save_pwd"]. "<br>";
14 }
15 ?>
```

图9-34　输入代码

（6）打开浏览器，在地址栏中输入"http://localhost/login.html"，在"用户名""密码"文本框中分别输入相应内容，选中"记住密码"复选框，按【Enter】键提交表单。此时将调用"login.php"。

常见疑难解析

问　在jQuery Mobile页面中提交表单，显示"Erro Load Page"是什么意思？

答　表示需要添加"data-ajax = "false""属性，如"<form action="search.php" data-ajax = "false">"。

问　PHP页面不能正常显示怎么办？

答　普通HTML页面在浏览器中可以直接显示，而PHP、ASP.net等页面，则需要相应的Web服务器才能正常显示。

拓展知识

1. jQuery Mobile页面中多个页面的切换方法

在jQuery Mobile页面中可以添加多个页面。在JQuery Mobile中，多个页面的切换是通过<a>标签，并将"href"属性设置为"#+对应的页面ID号"的方式实现的，如"<a href="#page2">详细页</a>"。

2. **搭建jQuery Mobile的测试环境**

要在PC端浏览器正常显示移动端页面的效果，需要搭建jQuery Mobile的测试环境，可搜索"Opera Mobile Emulator"并下载安装。

课后练习

（1）制作多页面的门户导航页面，包括创建页面、插入jQuery Mobile
页面、插入按钮组、插入多个页面并编辑内容等操作。制作完成
后的最终效果如图9-35所示。

高清彩图
多页面的门户导航页面

图9-35　制作多页面的门户导航页面

 效果所在位置　效果文件\项目九\练习一\index.html

（2）制作"猜一猜"页面。首先安装PHP服务器并启动，再创建PHP
页面，添加相应的PHP代码，最后运行测试效果。完成后的最终
效果如图9-36所示。

高清彩图
"猜一猜"页面

```php
1  <?php
2  if (isset($_POST["keywords"]))
3  {
4      echo "您猜测的关键词是：" .
       $_POST["keywords"] . "<br>";
5  }
6
7  switch ($_POST["keywords"]) {
8      case "男":
9          echo "恭喜猜中！";
10         break;
11     case "女":
12         echo "猜测错误！";
13         break;
14     default:
15         echo "猜测错误！";
16         break;
17  }
18
19  ?>
```

图9-36　"猜一猜"页面

 效果所在位置　效果文件\项目九\练习二\search.php

项目十

综合案例——订餐网站建设

情景导入

老洪对米拉说："我觉得你在制作网页方面很有自己的见解。现在，网页制作的方法已经教给你了，接下来就看你自己能不能融会贯通了。"米拉问老洪："公司最近有没有网站建设的项目？"老洪说："有一个订餐的网站，你可以实践一下。"米拉说："好的。"

学习目标

● 掌握网站建设前期规划的方法 如网站前期的规划、站点的创建和页面的制作。	● 掌握订餐网站各个网页的制作方法 能够独立完成一个完整网站的开发和制作。

案例展示

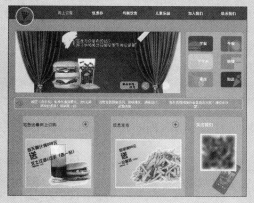

▲ "吉胜订餐网"主页

▲ "吉胜订餐网"订餐页面

任务一　前期规划

订餐网站是提供各种食物订购的商业网站。制作时，首先要分析网站的用户需求，做好网站定位，然后确定网站风格，规划网站草图，并根据草图搜集素材，最后进行网页效果图的设计。

（一）分析网站的用户需求

因为用户是网站页面的直接使用者，所以在设计网站时，首先要对网站的用户进行分析。目前，互联网应用范围越来越广，用户也遍布各个领域，因此，网站设计人员必须了解用户的习惯，以便预测不同用户对网站页面的需求，为最终设计网站提供依据。

订餐网站的目的是方便更多的用户能在任何地方、任何时间通过网络快捷地订购食物，满足用户对网络快捷订购食物的需求。

（二）确定网站风格

了解网站的用户需求后，就可以确定网站风格。不同定位的网站风格各不相同，网站设计人员需要大致了解网站的定位，拟定几个网站风格，从中选择最合适的风格。

订餐网站主要用于为用户提供食物订购服务，可采用能够刺激用户消费欲望的设计，如在色彩上采用鲜亮的橙色，吸引用户对页面的注意。另外，为了营造订餐网站的热烈氛围，还可以运用红色做点缀。

（三）规划网站草图

网站包含多个页面，在设计网站前，必须对网站中的页面进行规划。网站设计人员可以先绘制站点草图，在草图中注明用户关注的重点，然后进行详细描述，方便用户查看。

（四）搜集网站素材

网站素材搜集的方式可分为两种，一种是绘制和拍摄网站会用到的素材，如网站标志、产品图像等，另一种是通过网络或其他途径获取。

（五）设计网页效果图

在正式制作网页之前，需要根据规划好的网站风格和草图设计网页效果图。网页效果图设计与传统的平面设计相同，可以使用平面设计软件进行制作。这里使用Photoshop设计网页效果图，然后通过切片整理出网页需要的图像素材。

任务二　制作网站站点

完成了前期规划和草图设计后，就可以进行网页设计，制作网站站点。

微课视频

制作网站站点

素材所在位置　素材文件\项目十\任务二\订餐网站宣传动画.swf

效果所在位置　效果文件\项目十\任务二\吉胜快餐.ste

下面制作网站站点，具体操作如下。

（1）在Dreamweaver CC 2018中选择【站点】/【新建站点】菜单命令，打开"站点设置对象 吉胜快餐"对话框，在项目列表中选择"站点"选项，在"站点名称"文本框中输入"吉胜快餐"，设置保存路径后单击 保存 按钮，如图10-1所示。

（2）在"文件"面板中选择"吉胜快餐"站点，为站点新建5个文件夹，分别重命名为"image""Library""Templates""jQueryAssets""web"，如图10-2所示。

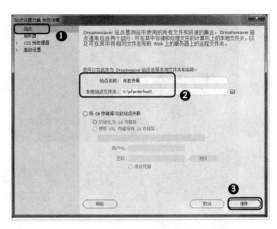

图10-1　新建站点

（3）将"订餐网站宣传动画.swf"文件复制到站点根目录中，在"文件"面板中单击"刷新"按钮 C 更新站点文件，如图10-3所示。

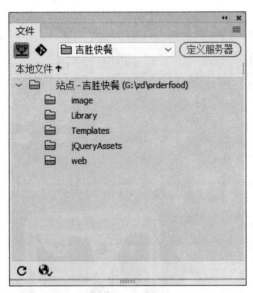

图10-2　新建文件夹

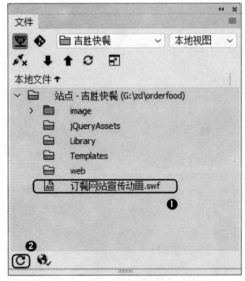

图10-3　导入素材文件

任务三　制作网页模板

下面为"吉胜订餐网"制作模板，方便后期网站页面的制作，完成后的效果如图10-4所示。

素材所在位置　素材文件\项目十\任务三\images\、订餐网站宣传动画.swf
效果所在位置　效果文件\项目十\任务三\Templates\template.dwt

高清彩图

网页模板

图10-4　网页模板

下面制作网页模板，具体操作如下。

（1）选择【文件】/【新建】菜单命令，打开"新建文档"对话框，在项目列表中选择"新建文档"选项，在"文档类型"列表框中选择"HTML 模板"选项，单击〔创建(R)〕创建模板文档，如图10-5所示。

（2）选择【文件】/【保存】菜单命令，打开"另存模板"对话框，在"站点"下拉列表框中选择"吉胜快餐"选项，在"另存为"文本框中输入"template"，单击〔保存〕按钮，如图10-6所示。

微课视频

制作网页模板

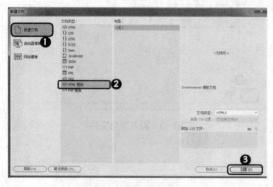

图10-5　创建模板文档

图10-6　选择站点并保存模板文档

（3）在"CSS设计器"面板的"源"列表框中单击"添加CSS源"按钮✚，在打开的下拉列表中选择"创建新的CSS文件"选项，打开"创建新的CSS文件"对话框，在"文件/URL"文本框中输入保存路径"../Style.css"，选中"链接"单选按钮，单击〔确定〕按钮完成CSS文件的创建，如图10-7所示。

（4）在"源"列表框中单击"添加CSS源"按钮✚，在打开的下拉列表中选择"创建新的CSS文件"选项，打开"创建新的CSS文件"对话框，在"文件/URL"文本框中输入保存路径"../link.css"，选中"链接"单选按钮，单击〔确定〕按钮完成CSS文件的创建，如图10-8所示。

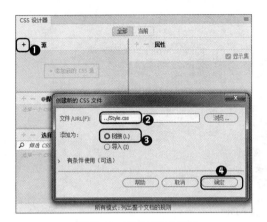

图10-7　创建CSS文件①

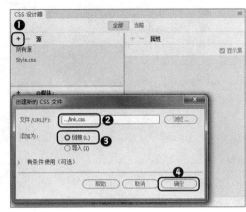

图10-8　创建CSS文件②

（5）切换到"Style.css"文档窗口，在代码视图中输入CSS样式代码，如图10-9所示。

```
1   @charset "utf-8";
2   #apDiv1 {position: absolute;width:46px;height:26px;z-index: 1;left: 990px;top: 155px;color: #FFF;font-family: "方正粗圆简体";text-align: center;}
3   #apDiv2 {position: absolute;width: 46px;height: 26px;z-index: 2;left:1112px;top: 155px;color: #FFF;font-family:"方正粗圆简体";}
4   #apDiv3 {position: absolute;width: 56px;height: 27px;z-index: 3;left: 1112px;top: 231px;color: #FFF;font-family: "方正粗圆简体";}
5   #apDiv4 {position: absolute;width: 46px;height: 23px;z-index: 4;left: 991px;top: 238px;color: #FFF;font-family: "方正粗圆简体";}
6   #apDiv5 {position: absolute;width: 52px;height: 26px;z-index: 5;left: 991px;top 309px;text-align: justify;color: #FFF;font-weight: bold;font-family: "方正粗圆简
    体";}
7   #apDiv6 {position: absolute;width:46px;height: 24px;z-index: 6;left: 1112px;top: 317px;color: #FFF;font-family: "方正粗圆简体";}
8   td{height:64px; font-family:"方正粗圆简体";color:#FFF;text-align:center;background-repeat:no-repeat;}
9   .main { margin: auto;height: 980px; width: 1024px;border: 1px solid #F00;}
10  .top {float: left;height: 380px;width: 1024px;}
11  .center {float: left;height: 525px;width: 1024px;background-image:url(image/tp1.jpg);background-repeat:repeat;}
12  .bottom {float: left;width: 1024px;background-image: url(image/tp16.jpg);background-repeat: repeat-x;text-align: center;}
13  .top_dh{width:1024px;height:103px;}
14  .top_dh_left{width: 120px;height: 103px;float:left; background-image: url(image/tp11.gif);}
15  .top_dh_right{width:904px;height:103px;float:left;background-image:url(image/tp12.gif);background-repeat:repeat-x;}
16  .top_banner{width:1024px;height:387px;background-image:url(image/tp1.jpg);background-repeat:repeat;}
17  .banner_left{width:710px;height:255px;margin-left:27PX;float:left;border:1px solid #F00;}
18  .banner_right{width:247px;height:275px;margin-left:19px;float:left;border:1px solid #C99;}
19  .banner_right_top{width:248px;height:7px;background-image:url(image/banner_top.jpg);}
20  .banner_right_center{width:248px;height:1263px;background-image:url(image/banner_center.jpg);background-repeat:repeat-y;}
21  .banner_right_bottom{width:246px;height:4px;background-image:url(image/banner_bottom.jpg);}
22  .center_top{width:984px;height:51px;margin-left:22px;}
23  .center_left{width:41px;height:49px;float:left;background-image:url(image/center_sy.jpg);}
24  .center_middle{width:931px;height:49px;float:left;background-image:url(image/center_middle.jpg);     background-repeat:repeat-x;}
25  .center_right{width:12px;height:49px;float:left;background-image:url(image/center_right.jpg);}
26  .box{width:319px;height:430px;float:left;margin-left:60px;margin-top:25px;}
27  .box_top{width:8px;height:431px;float:left; background-image:url(image/center_left00.jpg);}
28  .box_center{width:305px;height:431px;float:left;background-image:url(image/center_middle00.jpg);background-repeat:repeat-x;}
29  .box_bottom{width:6px;height:432px;float:left; background-image:url(image/center_right00.jpg);}
30  .box1{width:264px;height:430px;float:left;margin-left:38px;margin-top:25px;}
31  .box_center11{width:190px;height:431px;float:left;background-image:url(image/center_middle00.jpg);background-repeat:repeat-x;}
```

图10-9　输入CSS样式代码

（6）切换到"link.css"文档窗口，在代码视图中输入文本和超链接CSS样式代码，如图
10-10所示。

```
1   @charset "utf-8";
2   .top_nav{height:55px;}
3   .top_nav ul{width:904px;height:103px;list-style:none;}
4   .top_nav li{display:block;width:140px;float:left;text-align:center;}
5   .top_nav li a{font-family:"汉仪醒示体简";font-size:16px;color:#FFF;padding-left:20px;text-decoration:none;}
6   .top_nav li a:hover{color:#ffc600;}
7   .bottom_link{height:40px;margin-left:200px;}
8   .bottom_link ul{width:904px;height:103px;list-style:none;}
9   .bottom_link li{display:block;width:140px;float:left;text-align:center;}
10  .bottom_link li a{font-family:"汉仪醒示体简";font-size:14px;color:#353535;padding-left:20px;text-decoration:none;}
11  .bottom_link li a:hover{color:#ffc600;}
12  .center_text {font-family:"黑体";font-size: 14px;color: #FFF;text-align: center;float: left;height: 40px;width: 280px;margin-left: 15px;padding-top: 10px;}
13  .box_title{ height:61px;float:left;text-align:center;}
14  .box_title_left {width:240px;height:20px;float:left;margin-top:20px;padding-top:8px;font-family:"汉仪醒示体简";font-size:18px;color:#717171;text-align:left;}
15  .box_title_right{width:59px;height:30px;float:right;margin-top:20px;}
16  .box_img img{margin:35px 12px 35px 12px;}
17  .box_img1{width:268px;height:260px;margin-top:30px;background-image:url(image/phone.png);background-repeat:no-repeat;text-align:center;float:left;}
18  .box_title_left1{width:180px;margin-top:25px;font-family:"汉仪醒示体简";font-size:18px;color:#FFF;float:left;text-align:left;}
19  .box_text1{width:180px;text-align:center;font-family:"黑体";font-size:14px;color:#FFF;text-align:center;float:left;}
```

图10-10　输入文本和超链接CSS样式代码

（7）切换到"源代码"窗口，在<body>标签中插入一个Div，将其class定义为"main"，在该
Div中再插入3个Div，分别将class定义为"top" "center" "bottom"，如图10-11所示。

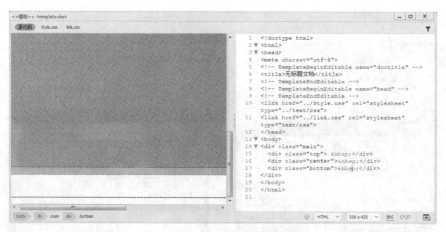

图10-11　插入Div

（8）将插入点定位到top的<div>标签中，插入一个class="top_dh"的Div，在该Div中再插入两个Div，分别将class定义为"top_dh_left" "top_dh_right"，在top_dh_right的<div>标签中再插入一个Div，将class定义为"top_nav"，然后插入项目列表<ul>，输入导航菜单名称，如图10-12所示。

图10-12　制作导航菜单

（9）在top_dh_ringht<div>标签后插入一个Div，将class定义为"top_banner"，在该Div中再插入两个Div，分别将class定义为"banner_left" "banner_right"。将插入点定义到banner_left的<div>标签中，在设计视图中插入"订餐网站宣传动画.swf"文件，并设置"宽""高""品质""Wmode"分别为"710""255""高品质""不透明"，并选中"循环"和"自动播放"复选框，如图10-13所示。

（10）将插入点定位到banner_right的<div>标签中，插入两个Div，分别将class定义为"banner_right_top" "banner_right_center"。将插入点定位到banner_right_center的<div>标签中，插入一个"行数""列""宽度""粗细""边距""间距"分别为"3""2""247像素""0""0""10"的表格，在单元格中插入菜单文本，然后设置单元格背景图像，效果如图10-14所示。

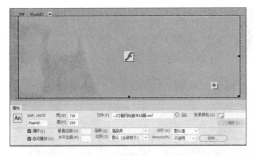

图10-13 插入Flash动画

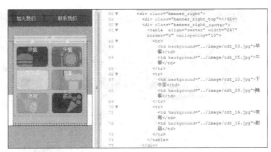

图10-14 添加表格式菜单

（11）将插入点定位到bottom的<div>标签中，插入一个Div，将class定义为"bottom_link"，插入项目列表<ul>并为菜单插入文本超链接，如图10-15所示。

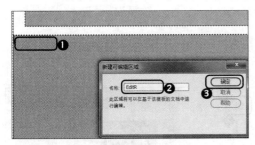

图10-15 为页面底部添加菜单文本超链接

（12）将插入点定位到center的<div>标签中，选择【插入】/【模板】/【可编辑区域】菜单命令，打开"新建可编辑区域"对话框，在"名称"文本框中输入"EditR"，单击 确定 按钮，如图10-16所示。

（13）将插入点定位到可编辑区域"EditR"处，将名称修改为"可编辑内容区域"，如图10-17所示，按【Ctrl+S】组合键保存模板。

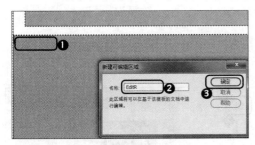

图10-16 新建可编辑区域

图10-17 修改可编辑区域名称

任务四 制作网站页面

创建好模板后即可开始制作网站页面，常用的网站页面包括主页、订餐页面、登录注册页面等。部分页面参考效果如图10-18所示。

素材所在位置 素材文件\项目十\任务四\
效果所在位置 效果文件\项目十\任务四\index.html、web\

高清彩图

部分页面效果

图10-18　部分页面效果

（一）制作网站主页

下面制作网站主页，具体操作如下。

（1）在"文件"面板的"吉胜快餐"站点的根目录下新建一个网页文档，并重命名为"index.html"，如图10-19所示。

（2）双击"index.html"网页文档，打开文档窗口。切换到设计视图，在"资源"面板中单击"模板"按钮，切换到"模板"选项卡，选择"template"模板，并按住鼠标左键将其拖曳到文档窗口中，释放鼠标左键将模板插入"index.html"网页文档中，如图10-20所示。

微课视频

制作网站主页

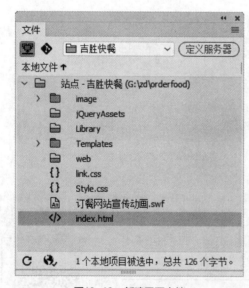

图10-19　新建网页文档

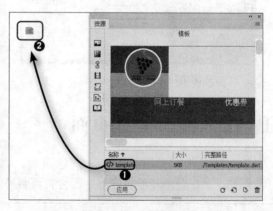

图10-20　插入模板

（3）切换到拆分视图，在<title>标签中将主页标题修改为"吉胜订餐网"，如图10-21所示。

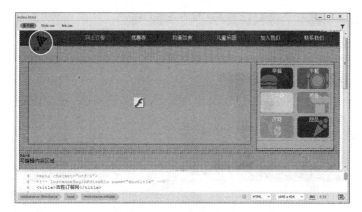

图10-21　修改主页标题

（4）将插入点定位到"可编辑内容区域"，删除文本，然后插入一个Div，将class定义为"center_top"，在该Div中插入3个Div，分别将class定义为"center_left" "center_middle" "center_right"。在center_middle的<div>标签中插入3个Div，将class均定义为"center_text"，为这3个Div插入文本，如图10-22所示。

图10-22　插入信息文本

（5）将插入点定位到center_top的<div>标签之后，依次插入4个嵌套的Div，分别将class定义为"center_bottom" "center_bottom_left" "box" "box_center"，如图10-23所示。

（6）在box_center的<div>标签中插入3个Div，分别将class定义为"box_title" "box_img" "box_text"。在box_title的<div>标签中插入两个Div，分别将class定义为"box_title_left" "box_title_right"。在box_title_left的<div>标签中插入文本，在box_title_right<div>中插入"tp（40）.gif"文件，在box_img的<div>标签中插入"tp（44）.gif"文件，在box_text<div>标签中插入文本，如图10-24所示。

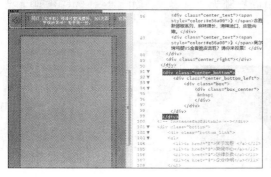

图10-23　插入Div

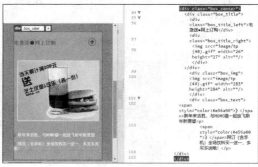

图10-24　添加部分餐饮内容

（7）将box的<div>标签包含的代码复制到该标签的后面，然后修改标签中的文本。将box_img的<div>标签中的图像改为"tp（47）.gif"，如图10-25所示。

图10-25　插入其他的餐饮内容

（8）在<div>标签之后插入一个Div，将Class定义为"center_bottom_right"，在该标签中插入一个Div，将class定义为"box1"。在box1的<div>标签中插入3个Div，分别将class定义为"box_top" "box_center11" "box_bottom"。在box_center11的<div>标签中插入3个Div，分别将class定义为"box_title_left1" "box_img1" "box_text1"，分别插入图像和文本，如图10-26所示。

图10-26　插入关注信息

（二）制作订餐页面

下面制作订餐页面，具体操作如下。

（1）在"文件"面板的"吉胜快餐"站点的"web"文件夹中新建一个网页文档，并重命名为"dcan.html"。

（2）双击"dcan.html"网页文档，打开文档窗口，在"资源"面板中单击"模板"按钮🔲切换到"模板"选项卡。选择"template"模板，按住鼠标左键将模板拖曳到文档窗口中，释放鼠标左键将模板插入"dcan.html"文档中，并修改页面标题为"订餐"，如图10-27所示。

微课视频

制作订餐页面

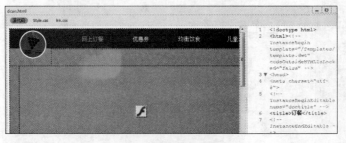

图10-27　插入模板

（3）切换到"Style.css"文档窗口，添加CSS样式代码，如图10-28所示。

（4）切换到代码视图，删除"可编辑内容区域"文本，插入一个Div，将class定义为"main_l"，在该Div中插入两个Div，分别将class定义为"main_t" "main_f"。在main_t的<div>标签中插入两个Div，分别将class定义为"title" "quest"，然后插入文本。在main_f 的<div>标签中插入两个Div标签，分别将class定义为"title" "quest"，插入文本和图像，如图10-29所示。

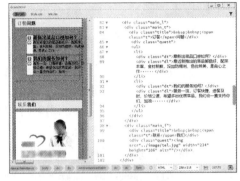

图10-28　添加CSS样式代码　　　　　　图10-29　制作页面左侧栏目

（5）在页面右侧插入一个Div，将class定义为"main_r"，在该Div中插入两个Div，分别将class定义为"main_t" "main_f"。在main_t的<div>标签中插入3个Div，分别将class定义为"title" "pro" "ptxt"。在title的<div>标签中插入图像和标题文本，在pro的<div>标签中插入"../image/tp（44）.gif"文件，在ptxt的<div>标签中插入<ul>列表项目，并添加订餐信息文本，插入一个文本框和两个按钮图像，如图10-30所示。

图10-30　制作订餐信息

（6）在mian_f 的<div>标签中插入两个Div，分别将class定义为"title" "sp"。在title的<div>标签中插入图像"../image/tl.jpg"和标题文本，在sp的<div>标签中插入<ul>列表项目，在<li>标签中分别插入图像，如图10-31所示。完成制作后保存网页文档。

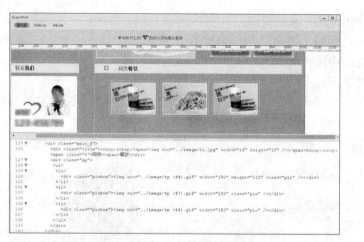

图10-31　制作"同类餐饮"图像列表

（三）制作登录注册页面

下面制作登录注册页面，具体操作如下。

（1）在"文件"面板的"吉胜快餐"站点的"web"文件夹中新建一个网页文档，并重命名为"login.html"。

（2）打开"login"文档窗口，在"资源"面板中单击"模板"按钮 切换到"模板"选项卡，将"template"模板插入网页文档中，并修改页面标题为"登录注册"。在"EditR"区域插入一个2行3列的表格，并设置表格前两列的宽度分别为"200""620"，如图10-32所示。

微课视频

制作登录注册页面

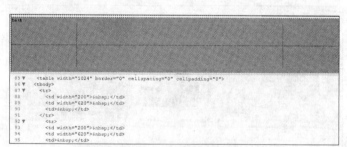

图10-32　插入表格并设置其属性

（3）在第2行第2列中插入一个Tabs面板，在"属性"面板的"面板"中选择"Tab3"选项，单击━按钮将其删除。分别修改剩余面板的标题为"登录""注册"，如图10-33所示。

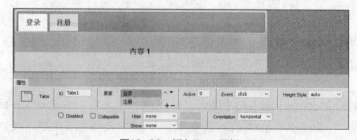

图10-33　插入Tabs面板

（4）在"登录"面板中插入一个<ul>标签，并在该标签中插入6个<li>标签。分别在第2、4个<li>标签处插入"用户名："和"密码："文本，在"用户名："处插入一个"文本"文本框▣，在"密码："处插入一个"密码"文本框✻，在第6个<li>标签处插入一个图像按钮▦，并设置图像为"../image/login_10.gif"，如图10-34所示。

（5）切换到"注册"面板，插入一个<ul>标签，并在该标签中插入10个<li>标签。分别在第2、4、6、8个<li>标签处插入文本，在"用户名："处插入一个"文本"文本框▣，在"密码："和"重复密码："处分别插入一个"密码"文本框✻，在"电话号码："处插入一个"电话"文本框📞，在第10个<li>标签处插入一个图像按钮▦，并设置图像为"../image/login_23.gif"，如图10-35所示。

图10-34　制作"登录"面板

图10-35　制作"注册"面板

（6）按【Ctrl+S】组合键保存网页文档，完成主要功能页面的制作。优化网页细节，再对各页面进行兼容测试，最后发布网页。

常见疑难解析

问　制作网页时，需要一边制作一边测试吗？

答　对于初学者来说，测试网页很有必要，并且最好在计算机中安装多个浏览器进行测试，以检测页面的兼容问题。在测试过程中，发现Div的位置不正确，可通过添加"float:left;"代码来调试；若还是不能解决，则可以显示其边框，代码为"*{border：1px red solid;}"，将此代码复制到样式区域代码中的相应位置，可显示整个页面所有Div的边框。

问　前面案例中的网页布局都是使用Div+CSS布局，可以使用表格布局吗？

答　可以。但是建议网站设计人员尽量使用Div+CSS布局网页，这样既避免了表格布局的局限性，还将网页的内容与形式分离，减小了文件大小，便于修改网页。

拓展知识

网页制作完成后需要对网站进行测试和发布，测试网站主要包括测试兼容性、检查和修复链接、检查下载速度等，而发布网站则是将制作的网站发布到互联网中，使用户能够访问。

网站制作完成并发布成功后，还需要对网站进行维护和更新。更新一些页面后可能出现本地站点和远程站点不一致的现象。这时可在"文件"面板中单击"刷新"按钮 ⟳，打开"同步文件"对话框，在其中设置同步范围和方向即可解决上述问题。

课后练习

制作旅游休闲网站。先规划网站风格和布局，再搜集素材并设计网页效果图，最后在Dreamweaver CC 2018中制作旅游休闲网站。完成后的最终效果如图10-36所示。

高清彩图

旅游休闲网站效果

图10-36　旅游休闲网站效果

素材所在位置　素材文件\项目十\课后练习\mysite\
效果所在位置　效果文件\项目十\课后练习\mysite\index.html、jd.html